零基础入门

入门

王国平 / 著

Python

数据分析与机器学习

清华大学出版社

北 京

内 容 简 介

本书由一线的资深数据分析师精写，以新版 Python 3.10 作为数据分析与挖掘的编程语言，循序渐进地介绍了 Python 数据分析的方法与技巧以及机器学习算法及其应用案例。全书首先讲解 Python 基础语法，以便于从未接触过编程的读者能够快速上手，然后介绍了当前流行的常用数据分析工具，如数值计算工具 NumPy、数据处理工具 Pandas、数据可视化工具 Matplotlib 和数据挖掘工具 Sklearn 等，最后介绍了 10 大常用机器学习算法及其在数据挖掘中的应用，针对每一个算法均给出了案例实现，以便于读者能够学有所用。

本书凝聚编者十余年工作心得，以丰富实例介绍理论知识，并给出大量应用实践，很适合初入数据分析职场的从业者提升技能，本书也可以作为统计学、数学、经济学、金融学、管理学以及相关理工科专业的本科生、研究生的教学参考书。

图书在版编目（CIP）数据

零基础入门 Python 数据分析与机器学习/王国平著.—北京：清华大学出版社，2021.9
ISBN 978-7-302-58917-4

Ⅰ．①零… Ⅱ．①王… Ⅲ．①软件工具—程序设计 Ⅳ．①TP311.561

中国版本图书馆 CIP 数据核字（2021）第 171770 号

责任编辑： 王金柱
封面设计： 王 翔
责任校对： 闫秀华
责任印制： 宋 林

出版发行： 清华大学出版社
    网 址：http://www.tup.com.cn，http://www.wqbook.com
    地 址：北京清华大学学研大厦 A 座   邮 编：100084
    社 总 机：010-62770175   邮 购：010-62786544
    投稿与读者服务：010-62776969，c-service@tup.tsinghua.edu.cn
    质量反馈：010-62772015，zhiliang@tup.tsinghua.edu.cn
印 装 者： 三河市君旺印务有限公司
经 销： 全国新华书店
开 本： 190mm×260mm   **印 张：** 16.75   **字 数：** 429 千字
版 次： 2021 年 10 月第 1 版   **印 次：** 2021 年 10 月第 1 次印刷
定 价： 69.00 元

产品编号：090925-01

前　言

人工智能（AI）是目前炙手可热的一个领域，互联网公司纷纷表示人工智能将是下一个时代的革命性技术。机器学习属于人工智能的一个重要分支，其更偏向于理论，目的是让计算机不断从大量数据中学习知识，自动实现知识发现和预测，使结果不断接近目标。

在实际工作中，我们比较常见的是数据分析的概念，是用适当的统计分析方法对收集来的大量数据进行分析，以求最大化地利用数据，从而发挥其商业价值。目前，数据分析已经是一种比较成熟的技术，而机器学习还处于快速发展的过程中，主要依靠算法和数据进行驱动。

在数据分析和机器学习研究热潮中，相关图书大多偏重于理论。由于 Python 是开源免费的，而且目前市场上从零基础深入介绍数据分析和机器学习的图书较少，鉴于此，本书基于新版本的 Python 3.10 编写，全面而系统地讲解基于 Python 的数据分析和机器学习技术。

本书既包括 Python 数据分析的主要方法和技巧，又融入了机器学习的案例实战，使广大读者通过对本书的学习，能够轻松快速地掌握数据分析和机器学习的主要方法。本书配套资源中包含案例实战中所采用的数据源，以及教学 PPT 和学习视频，供读者在阅读本书时练习使用。

本书的内容

第 1 章介绍数据分析的流程和思维、搭建 Python 3.10 开发环境以及必会的包（库）。

第 2 章介绍 Python 核心基础，包括数据类型、基础语法、常用高阶函数和编程技巧。

第 3 章介绍如何进行数据准备，包括数据的读取、索引、切片、聚合、透视、合并等。

第 4 章介绍 NumPy 基础知识和操作，包括索引与切片、维度变换、广播机制和矩阵运算。

第 5 章介绍如何利用 Pandas 进行数据清洗，包括重复值、缺失值、异常值的检测和处理。

第 6 章介绍 Matplotlib 绘图参数设置，包括线条、坐标轴、图例、绘图函数和图形整合等。

第 7 章介绍机器学习及 Sklearn 库的基本概念、基本流程、主要算法和自带的主要数据集等。

第 8 章介绍监督式机器学习算法，包括线性回归、逻辑回归、决策树、K 近邻和支持向量机等。

第 9 章介绍无监督式机器学习算法，包括 K 均值聚类、主成分分析、关联分析和双聚类分析等。

第 10 章详细介绍机器学习的挑战、模型的主要评估方法，并通过实际案例介绍模型的调优方法。

第 11 章介绍基于中文的文本分词、关键词提取技术，以及如何生成词向量和进行中文情感分析。

本书的特色

（1）零基础入手，精心设计知识体系

本书首先介绍 Python 3.10 版本的基础语法，并针对初学者构建数据分析与机器学习的实验环境，以便初学者无障碍上手。全书内容循序渐进，在精要介绍基础语法之后，还介绍了当前流行的数据分析工具，最后介绍机器学习算法在数据分析和挖掘中的应用，以便读者通过阅读本书能够整体上掌握数据分析的重要工具、方法与技术。

（2）全面介绍流行工具的使用，应对工作需求

本书主要针对当前流行的数据分析工具分章介绍，包括数值计算工具 NumPy、数据处理工具 Pandas、数据可视化工具 Matplotlib、数据建模工具 Sklearn 等。每一个工具都从基础讲解，并辅之以案例演示，读者可以边学边练，快速掌握技能。其中也有很多案例来自于工作实践，可以真正提升读者的实战技能，读者通过本书的学习能够应对工作需求。

（3）详细讲解十大机器学习算法，并辅之以丰富的案例

本书针对数据挖掘中经常使用的算法进行了详细介绍，其中每一个算法首先介绍理论知识，然后给出算法在实际案例中的应用，理论与实践并重，可以帮助读者真正理解算法并加以应用，从而提高读者数据分析和机器学习的综合能力。

源码、PPT 课件、教学视频下载

本书每一章都有对应的数据源和完整代码，代码均包含具体的中文注释。另外，本书还提供了教学 PPT。读者可以扫描以下二维码获取文件：

如果在下载过程中出现问题，请发送电子邮件至 booksaga@126.com，邮件主题为"零基础入门 Python 数据分析与机器学习"。

本书还提供了全程视频教学，读者扫描书中各章的二维码即可观看学习。

本书的读者对象

本书的内容和案例适用于互联网、咨询、零售、能源等行业从事数据分析的读者，也可以作为培训机构或大专院校相关课程和专业的教学用书。

由于编者水平所限，虽然尽心竭力，但仍然难免存在疏漏之处，敬请广大读者与专家不吝指正。

编 者

2021 年 5 月 20 日

目　　录

第**1**章

构建数据分析开发环境

"人生苦短，我用 Python"，这是 Python 的情怀标语。Python 目前已经逐渐成为流行的编程语言，在编程语言排行榜 TOBIE 中常年位居首位，因此，本书将以 Python 为基础，介绍其在数据分析和机器学习中的应用。本章将介绍为什么要进行数据分析、数据分析的流程和思维以及如何快速搭建 Python 新版本的开发环境等。

1.1 数据分析概述

数据分析是指用适当的工具和方法对收集来的大量数据进行分析，将它们加以汇总、理解和消化，以求最大化地开发数据的功能，发挥数据的价值，它是为了提取有用信息和形成结论而对数据加以详细研究和概括总结的过程。本节将介绍为什么要进行数据分析，以及数据分析的基本流程与主要思维。

1.1.1 为什么要进行数据分析

目前，多数企业的运营以特定的业务平台为基础，通过平台为目标用户群提供产品或服务，用户在使用产品或服务的过程中产生大量的交易数据，根据对这些数据的洞察，反推用户的需求，创造更多符合用户需求的增值产品和服务,再重新投入运营过程中，从而形成一个完整的业务闭环，实现企业数据驱动业务增长的目标，如图 1-1 所示。

企业为什么要进行数据分析，数据分析给企业带来了什么呢？我们不能简单地认为数据分析为企业带来了利润，其实数据分析还可以优化企业的运营管理、提升效率等。

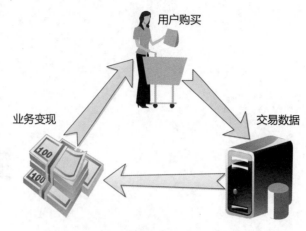

图 1-1　数据驱动业务

- 优化运营管理：通过对数据进行分析可以合理分配运营资源。例如，通过对销售额的波动分析，可以找出其影响因素是商品单价还是促销活动等。
- 产生更大价值：例如通过商品利润贡献的分析，确定哪些是营收与利润贡献的主体，哪些是畅销品，哪些是需要淘汰的商品，等等。
- 发现业务机会：例如通过对已经流失用户的分析和综合评估，可以挖掘出部分挽留价值高、挽留难度低的用户群体。
- 提升工作效率：通过对客户数据的深入分析，可以为业务部门提供更广泛的数据支撑，从而提升工作效率和决策效率。

1.1.2　数据分析的流程与思维

数据分析应该以业务场景为起始点，以业务决策为终点。那么应该先做什么、后做什么呢？基于数据分析师的工作职责，数据分析的流程如图 1-2 所示。

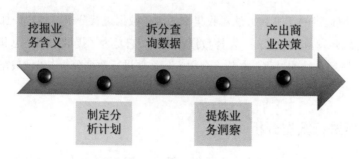

图 1-2　数据分析的流程

数据分析的基本流程及工作重点如下：

- 挖掘业务含义：理解数据分析的业务场景是什么。
- 制定分析计划：制定对业务场景进行分析的计划。
- 拆分查询数据：从分析计划中拆分出需要的数据。
- 提炼业务洞察：从数据结果判断提炼出商务洞察。

● **产出商业决策**：根据数据结果洞察制定商业决策。

在分析实际问题的过程中，思维可能会出现缺失的现象，如图 1-3 中所表达的一样，往往不知道项目中遇到的问题从哪里下手解决，这就需要提高数据分析的思维。

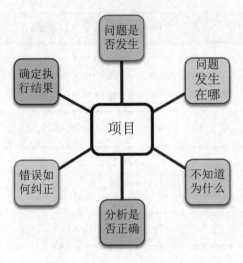

图 1-3　分析过程的思维困境

1. 结构化思维：多维度分类

结构化思维可以看作是金字塔思维，把需要分析的问题按不同方向去分类，然后不断拆分细化，从而才能全方位地思考问题。一般先把所有能想到的想法写出来，再整理归纳成金字塔模型，可以通过思维导图来阐述我们的分析过程。

例如，现在有一个线上销售的产品，发现2020年12月份的销售额出现大幅度下降，与去年同期相比下降了10%。首先可以观察时间趋势下的波动，是突然暴跌还是逐渐下降，再按照不同区域分析地域性差异。此外，还可以从外部的角度分析现在的市场环境怎么样。具体分析过程如图1-4所示。

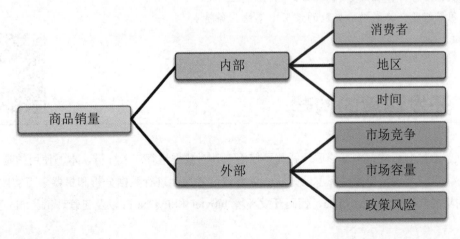

图 1-4　结构化思维

2．公式化思维：数据的量化

在结构化的基础上，分析的变量往往会存在一些数量关系，使其能够进行计算，将分析过程进行量化，从而验证我们的观点是否正确。例如企业的销售数据，公式化思维如图 1-5 所示。

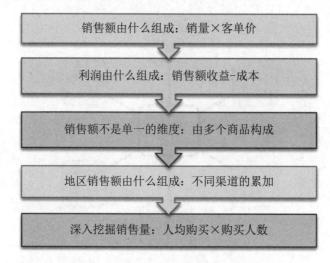

图 1-5　公式化思维

3．业务化思维：业务是基础

业务化思维就是深入了解业务情况，结合项目的具体业务进行分析，并且能让分析结果落地。用结构化和公式化思维得出的最终分析结果在很多时候表现的是一种现象，不能体现原因。所以需要继续用业务的思维去思考，站在业务人员的角度思考问题，深究出现这种现象的原因，从而实现通过数据推动业务的目标。

提升业务思维的主要途径：

- 贴近业务：常与一线的销售人员进行交流与沟通。
- 换位思考：站在业务人员和用户的角度进行思考。
- 积累经验：从成功和失败的经历中总结业务特点。

1.2　开发环境的构建

在理解数据分析的基本理论后，就需要使用工具对数据进行深入分析，本书使用的是 Python 编程语言。本节介绍搭建操作环境的方法，以方便读者后续进行数据分析和机器学习实践，包括 Python 的集成开发环境 Anaconda、代码开发环境 Jupyter 和 PyCharm 以及包管理工具 pip 等。

1.2.1　安装 Anaconda

Anaconda 是 Python 的集成开发环境，内置了许多非常有用的第三方包（或称为库），包含 NumPy、Pandas、Matplotlib 等 190 多个常用包及其依赖包，如图 1-6 所示。使用 Anaconda 还可以用第三方软件包构建和训练机器学习模型，包括 Scikit-Learn、TensorFlow 和 PyTorch 等。

图 1-6　主要的机器学习包

Anaconda 的优点总结起来就 8 个字：省时省心，分析利器。

- 省时省心：Anaconda通过管理工具包、开发环境、Python版本，大大简化了工作流程，不仅可以方便地安装、更新和卸载工具包，而且安装时能自动安装相应的依赖包，同时还能使用不同的虚拟环境隔离不同要求的项目。
- 分析利器：适用于企业级大数据分析的Python工具。Anaconda包含720多个数据科学相关的开源包，在数据可视化、机器学习、深度学习等多方面都有涉及。不仅可以进行数据分析，甚至可以用在大数据和人工智能领域。

Anaconda 的安装过程比较简单，可以选择默认安装或自定义安装，为了避免配置环境和安装 pip 的麻烦，建议添加环境变量和安装 pip 选项。下面介绍其安装步骤。

进入 Anaconda 的官方网站下载需要的版本，这里选择的是 Windows 64-Bit Graphical Installer，如图 1-7 所示（如果官方网站下载速度较慢，还可以到清华大学开源软件镜像站去下载）。

图 1-7　下载 Anaconda

软件下载后，以管理员身份运行下载的 Anaconda3-2020.07-Windows-x86_64.exe 文件，后续的操作依次为：单击 Next 按钮，单击 I Agree 按钮，单击 Next 按钮，单击 Browse 按钮选择安装目录，单击 Next 按钮，单击 Install 按钮等待安装完成，单击 Next 按钮，再次单击 Next 按钮，最后单击 Finish 按钮即可。安装过程的开始界面和结束界面如图 1-8 所示。

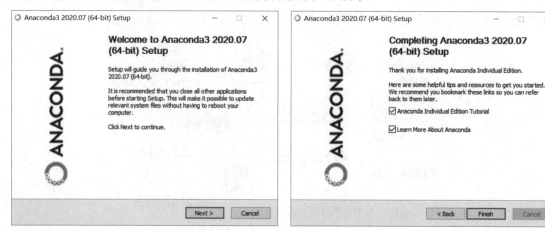

图 1-8　安装 Anaconda

安装结束后，正常情况下会在计算机的"开始"菜单中出现 Anaconda3 (64-bit)选项，单击 Anaconda PowerShell Prompt (anaconda3)，然后输入 python，如果出现 Python 版本的信息，就说明安装成功，如图 1-9 所示。

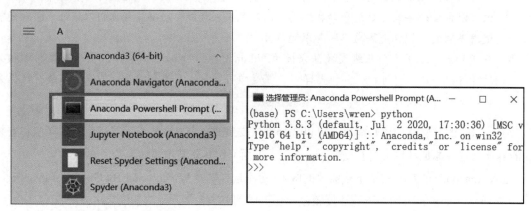

图 1-9　查看 Python 版本

1.2.2　安装 Jupyter 库

目前，Jupyter 是比较常用的开发环境，它包括 Jupyter Notebook 和 JupyterLab。

1. Jupyter Notebook

Jupyter Notebook 是一个在浏览器中使用的交互式的笔记本，可以实现将代码、文字完美地结合起来，用户大多数是一些从事数据科学相关领域（机器学习、数据分析等）的人员。安装 Python

后，可以通过 pip install jupyter 命令安装 Jupyter 库。可以通过在命令提示符（CMD）中输入 jupyter notebook，启动 Jupyter Notebook 程序。

开始编程前需要先说明一个概念，Jupyter Notebook 中有一个叫作工作空间（工作目录）的概念，也就是你想在哪个目录编程。Jupyter Notebook 启动后，会在浏览器中自动打开 Jupyter Notebook 窗口，如图 1-10 所示。

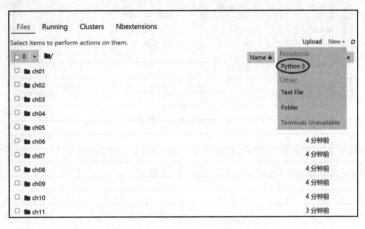

图 1-10　Jupyter Notebook 窗口

2. 安装JupyterLab程序

JupyterLab 是 Jupyter Notebook 的新一代产品，它集成了更多功能，是使用 Python（R、Julia、Node 等其他语言的内核）进行代码演示、数据分析、数据可视化等的很好的工具，它是本书默认使用的代码开发工具。

JupyterLab 提供了更好的用户体验，例如可以同时在一个浏览器页面打开多个 Notebook、IPython Console 和 Terminal 终端，并且支持预览和编辑更多种类的文件，如代码文件、Markdown 文档、JSON 文件和各种格式的图片文件等，极大地提升了工作效率。

JupyterLab 的安装比较简单，只需要在命令提示符（CMD）中输入"pip install jupyterlab"命令即可，它会继承 Jupyter Notebook 的配置，如地址、端口、密码等。启动 JupyterLab 的方式也比较简单，只需要在命令提示符中输入"jupyter lab"命令即可。

JupyterLab 程序启动后，浏览器会自动打开编程窗口，默认地址为 http://localhost:8888，界面如图 1-11 所示。可以看出，JupyterLab 左边是存放笔记本的工作路径，右边是我们需要创建的笔记本类型，包括 Notebook 和 Console 等。

可以对 JupyterLab 的参数进行修改，如远程访问、工作路径等，配置文件位于 C 盘系统用户名下的.jupyter 文件夹中，文件名为 jupyter_notebook_config.py。

如果配置文件不存在，就需要自行创建，在命令提示符中输入"Jupyter Notebook --generate-config"命令生成配置文件，并且还会显示文件的存储路径及名称。

如果需要设置密码，在命令提示符中输入"Jupyter Notebook password"命令，生成的密码存储在 jupyter_notebook_config.json 文件中。

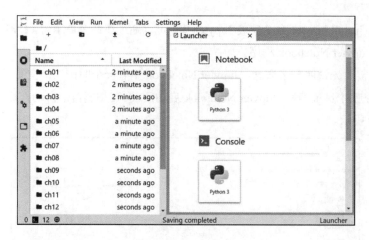

图 1-11　JupyterLab 程序的界面

如果需要允许远程登录，那么可以在 jupyter_notebook_config.py 文件中找到下面的几行，取消注释并根据项目的实际情况进行修改，修改后的配置如下：

```
c.NotebookApp.ip = '*'
c.NotebookApp.open_browser = False
c.NotebookApp.port = 8888
```

如果需要修改 JupyterLab 的默认工作路径，找到下面的代码，取消注释并根据项目的实际情况进行修改，修改后的配置如下：

```
c.NotebookApp.notebook_dir = u'D:\\Python 数据分析与机器学习全视频案例'
```

上述配置参数修改后，需要关闭并重新启动 JupyterLab 才能生效。

1.2.3　安装 PyCharm 社区版

PyCharm是比较常见的Python代码开发环境，可以帮助用户在使用Python语言开发时提高效率，它的功能包含调试、语法高亮、Project管理、代码跳转、智能提示、自动完成、单元测试、版本控制等。

PyCharm 是一专注于 Python 的集成开发环境，分为专业版、教育版和社区版，专业版是收费的，只能试用一个月，教育版是免费的，是专门针对学生和老师设计的，社区版适合个人或小团队开发使用，对于初学者来说，社区版的功能足以满足需求。

在开始安装 PyCharm 之前，要确保计算机上已经安装了 Java 1.8 以上的版本，并且已配置好环境变量。下面介绍其安装步骤。

首先进入 PyCharm 的官方网站下载社区版软件，下载完成后双击安装程序开始安装，安装过程比较简单，基本采用默认的设置即可。安装完成后，单击 Finish 按钮关闭安装窗口。安装好 PyCharm 后，还需要配置开发环境，首次启动 PyCharm 会弹出配置窗口，如图 1-12 所示。

如果之前使用过 PyCharm 并有相关的配置文件，则在此处选择导入该配置文件；如果没有，保持默认设置即可。单击 OK 按钮，然后进行主题选择和插件安装过程。

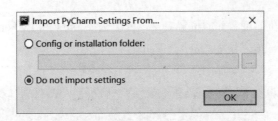

图 1-12　配置窗口

设置完成后，在 PyCharm 欢迎界面，单击 Create New Project 选项，可以创建一个新的 Python 项目，如图 1-13 所示。

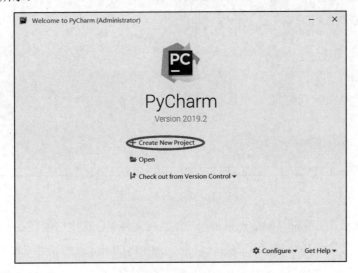

图 1-13　欢迎界面

在创建新项目界面，在 Location 中设置项目名称和选择解释器，注意这里默认使用 Python 的虚拟环境，即第一个 New environment using 选项，然后单击 Create 按钮，如图 1-14 所示。如果不使用虚拟环境，一定要修改，选择第二个 Existing interpreter 选项，然后选择需要添加的解释器。

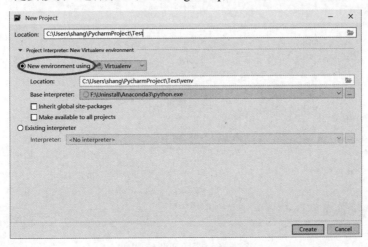

图 1-14　创建新项目

创建 Python 文件，在项目名称的位置右击，依次选择 New 和 Python File，如图 1-15 所示。然后输入文件名，例如 Hello，并按 Enter 键即可。

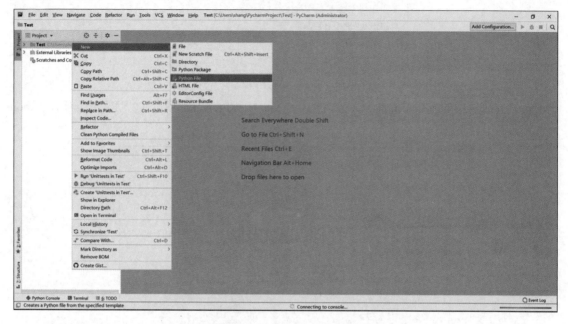

图 1-15　新建 Python 文件

在文件中输入代码：print("Hello Python!");，然后在文件中任意空白位置右击，选择 Run 'Hello' 选项，在界面的下方显示 Python 代码的运行结果，说明 PyCharm 已经正常安装和配置，如图 1-16 所示。

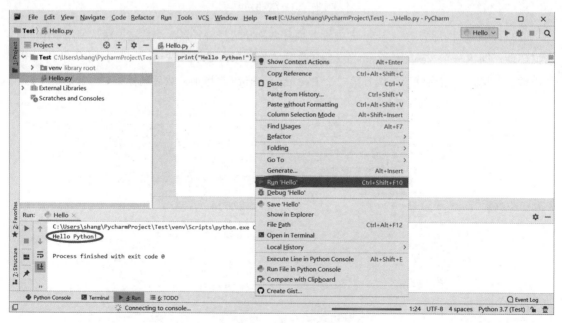

图 1-16　运行 Python 代码

1.2.4　包管理工具

由于 Python 第三方包众多，因此不少开发者喜欢使用 Python，但是调用包的时候可能很闹心，因为安装包不是失败就是很慢，很影响自己的工作进度。当我们在命令提示符中使用 pip 安装包时，常常会出现安装失败的问题，这主要是由于 pip 默认下载国外的软件资源，由于网速不稳定等原因，可能会导致出现错误，解决办法有以下两种：

方法一：首先明确需要安装的包，再去国外的相关网站下载离线安装包，然后在命令提示符窗口中用 pip 安装本地离线包。

方法二：是一劳永逸的方法，选择国内镜像源，相当于从国内的一些机构下载所需要的 Python 第三方包。那么如何配置国内镜像源呢？

首先找到 C:\Users\Administrator\AppData\Roaming 这个路径，部分读者可能会找不到，可能是这个文件夹被隐藏了，解决办法如下：

以 Windows 10 64 位家庭版系统为例进行介绍。首先打开 C 盘，单击左上角的"查看"，选择"隐藏的项目"，然后进入"用户"文件夹，双击计算机的登录用户名，例如 shang，这样就能看到 AppData 文件夹。

找到路径后，在该路径下新建一个文件夹，命名为 pip，然后在 pip 文件夹中新建一个 TXT 格式的文本文件。打开文本文件，将下面这些代码复制到文本文件中，关闭并保存，最后将 TXT 格式的文本文件重新命名为 pip.ini，这样就创建了一个配置文件，再使用 pip 进行包安装时，就默认到国内的源去下载包和安装包了。

```
[global]
timeout = 60000
index-url = http://pypi.douban.com/simple
[install]
use-mirrors = true
mirrors = https://pypi.tuna.tsinghua.edu.cn
```

配置文件中的 index-url 链接地址可以更换如下：

阿里云：http://mirrors.aliyun.com/pypi/simple/。

中国科技大学：https://pypi.mirrors.ustc.edu.cn/simple/。

清华大学：https://pypi.tuna.tsinghua.edu.cn/simple/。

中国科学技术大学：http://pypi.mirrors.ustc.edu.cn/simple/。

pip 安装第三方包的命令如下：

```
pip install packages
```

安装多个包需要将包的名字用空格隔开，命令如下：

```
pip install package_name1 package_name2 package_name3
```

安装指定版本的包，命令如下：

```
pip install package_name==版本号
```

此外，在 JupyterLab 中可以很方便地使用 pip 工具，在 JupyterLab 窗口中单击 Console，如图 1-17 所示。

然后，在下方的代码输入区域输入相应的代码，也可以使用 pip 安装、更新和卸载第三方包。

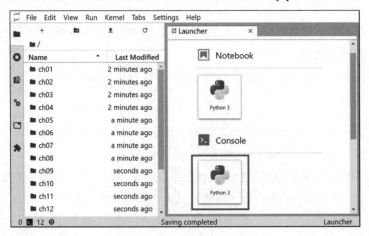

图 1-17　打开 Console

1.2.5　环境测试

输出打印"Hello World!"几乎是每个程序员、每个编程语言入门的第一个程序。下面我们将介绍如何使用 Python 输出"Hello World!"。

首先，我们定义字符串变量 str，其内容是"Hello World!"，示例代码如下：

```
str = "Hello World!"
```

然后，调用 print()函数打印变量 str，示例代码和输出如下：

```
print(str)

Hello World!
```

1.3　必会的 Python 数据分析包

由于 Python 拥有成千上万且功能强大的开源库，因此备受开发人员的欢迎。据统计，目前通过 PyPl 可以导入超过 23.5 万个库。本节介绍一些 Python 常用的数据分析库，包括 NumPy、Pandas、Matplotlib 和 Sklearn，掌握这些工具的使用是数据分析人员的必备技能。

1.3.1　NumPy 数组操作

NumPy 的前身是由 Jim Hugunin 与其他协作者共同开发的 Numeric，在 2005 年，Travis OliphantNumeric包中结合Numarray包的特色，并添加其他扩展开发了NumPy。

NumPy 是 Python 用于科学计算的基础包，它提供了多维数组对象、各种派生对象（如矩阵），以及用于数组快速操作的各种 API，包括数学、逻辑、形状操作、排序、选择、输入输出、离散傅里叶变换、基本线性代数、基本统计运算和随机模拟等。

下面我们从生成 1～9 的 9 个数字的一维数组开始介绍。

本例我们在 NumPy 中，通过 np.array 的方式创建一个数组，并赋给变量 data，数值的顺序没有排序，而且 6 和 9 有重复值。示例代码如下：

```
data = np.array([8,6,9,1,3,5,4,2,7,9,6,9])
```

NumPy 一个重要的特点就是其 N 维数组对象，也就是 ndarray，该对象是一个快速而灵活的通用同构数据多维容器，其中的所有元素必须是相同类型的。例如，我们这里重新定义数值 data，将其修改为 3×4 的数组，示例代码和输出如下：

```
import numpy as np
data = np.array([[8,6,9,1],[3,5,4,2],[7,9,6,9]])
print(data)

[[8 6 9 1]
 [3 5 4 2]
 [7 9 6 9]]
```

这里输出的数组元素都是整型数据。

1.3.2　Pandas 数据清洗

Pandas 主要用于数据挖掘和数据分析，同时也提供数据清洗功能。在 Pandas 中有两类非常重要的数据结构，即序列（Series）和数据框（DataFrame）。Series 类似于 NumPy 中的一维数组对象，由一组数据以及一组与之相关的数据标签（索引）组成，可以通过索引访问 Series 中某行的数据，也可以通过标签来访问某列的数据。

以下我们创建一个 Series。

在创建 Series 之前，首先需要导入相关的包，代码如下：

```
import pandas as pd
from pandas import Series
```

下面创建序列 return1，它包含企业 2020 年第三季度在东北、华东、华中、华南、西南、西北 6 个地区的商品退单量，示例代码和输出如下：

```
return1 = pd.Series([89,98,85,82,85,95])
return1

0    89
1    98
2    85
3    82
4    85
5    95
dtype: int64
```

以下我们来创建 DataFrame。

DataFrame 是一个表格型的数据结构，它含有一组有序的列，每列可以是不同的值类型（数值、字符串、布尔值等）。DataFrame 既有行索引，又有列索引，它可以被看成是由 Series 组成的字典（共用同一个索引）。

在创建 DataFrame 之前，首先需要导入相关的包，代码如下：

```
import pandas as pd
from pandas import DataFrame
```

如果通过字典创建 DataFrame，它会自动加上索引，默认是从 0 开始的，例如创建企业 2020 年 4 个季度在 6 个地区的商品退单量的 DataFrame，即 return2，示例代码和输出如下：

```
return2 = {'地区':['东北','华东','华中','华南','西南','西北'],'春季':[90,91,87,
92,95,85],'夏季':[91,85,89,92,88,82],'秋季':[89,98,85,82,85,95],'冬季':[96,90,83,
85,99,80]}
return2 = pd.DataFrame(return2)
return2
```

```
   地区   春季  夏季  秋季  冬季
0  东北   90   91   89   96
1  华东   91   85   98   90
2  华中   87   89   85   83
3  华南   92   92   82   85
4  西南   95   88   85   99
5  西北   85   82   95   80
```

1.3.3　Matplotlib 数据可视化

Python 绘图包众多，各有其特点，但是 Matplotlib 是最基础的可视化包，如果需要学习 Python 数据可视化，那么 Matplotlib 是非学不可的。Matplotlib 的中文学习资料比较丰富，其中最好的学习资料还是其帮助文档，地址为 http://www.Matplotlib.org.cn/。

安装 Anaconda 后，会默认安装 Matplotlib 库，如果要单独安装，可以通过 pip 命令实现，命令为 pip install matplotlib，前提是需要安装 pip 包。

下面演示一个比较简单的 Matplotlib 数据可视化的例子。例如需要按班级和性别统计某次考试的成绩，通过条形图对结果进行可视化分析，具体代码如下：

```python
#导入相关包或库
import numpy as np
import matplotlib.pyplot as plt

#图形显示中文
plt.rcParams['font.sans-serif']=['SimHei']
plt.rcParams['axes.unicode_minus'] = False

N = 5      #组数
menMeans = (80, 85, 80, 85, 81)
womenMeans = (85, 82, 84, 80, 82)
menStd = (2, 3, 4, 1, 2)
womenStd = (3, 5, 2, 3, 3)
ind = np.arange(N)        #组的位置
width = 0.35              #条形图的宽度

#绘制条形图
plt.figure(figsize=(11,7))
p1 = plt.bar(ind, menMeans, width, yerr=menStd)
p2 = plt.bar(ind, womenMeans, width, bottom=menMeans, yerr=womenStd)

#设置条形图
plt.ylabel('考试成绩',fontsize=16)
plt.title('按班级和性别统计得分',fontsize=20)
plt.xticks(ind, ('1班', '2班', '3班', '4班', '5班'),fontsize=16)
plt.yticks(np.arange(0, 210, 20),fontsize=16)
plt.legend((p1[0], p2[0]), ('男', '女'),fontsize=16)
plt.show()
```

运行上面的代码，可以绘制出学生考试成绩的条形图，如图 1-18 所示。其中下方是男生的考试平均成绩，上方是女生的考试平均成绩。从图形中可以看出每个班级的考试成绩情况。

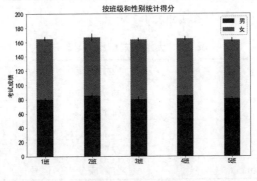

图 1-18　条形图

1.3.4 Sklearn 数据建模

Sklearn 是 Python 重要的机器学习包，建立在 NumPy、SciPy 和 Matplotlib 之上，其中封装了大量的机器学习算法，如分类、回归、降维和聚类。Sklearn 拥有完善的文档，使得它具有上手容易的优势，并且内置了大量的数据集，节省了获取和整理数据集的时间。

截至 2020 年 12 月，Sklearn 的新版本是 0.23.2，安装命令如下：

```
pip install scikit-learn
```

Sklearn 的算法可以分为监督式机器学习和无监督式机器学习，其中主要的监督式机器学习算法如表 1-1 所示。

表 1-1　监督式机器学习算法

模　块　名	应用领域
Linear Models	线性模型
Linear and Quadratic Discriminant Analysis	线性和二次判别分析
Kernel Ridge Regression	核岭回归
Support Vector Machines	支持向量机
Stochastic Gradient Descent	随机梯度下降
Nearest Neighbors	最近邻
Gaussian Processes	高斯过程
Cross Decomposition	交叉分解
Naive Bayes	朴素贝叶斯
Decision Trees	决策树
Ensemble Methods	合奏方法或组合方法，集成方法
Multiclass and Multilabel Algorithms	多类和多标签算法
Feature Selection	功能选择
Semi-Supervised	半监督式
Isotonic Regression	保序回归
Probability Calibration	概率校准
Neural Network Models（Supervised）	监督式神经网络模型

Sklearn 中的无监督式机器学习算法如表 1-2 所示。

表 1-2　无监督式机器学习算法

模　块　名	应用领域
Gaussian mixture models	高斯混合模型
Manifold learning	流形学习
Clustering	聚类
Biclustering	双聚类
Decomposing signals in components	分解成分中的信号

（续表）

模 块 名	应用领域
Covariance estimation	协方差估计
Novelty and Outlier Detection	新颖点和离群点检测（离群点也被称为异常值）
Density Estimation	密度估算
Neural network models (unsupervised)	无监督式神经网络模型

1.4　一个简单的数据分析案例

为了让读者更好地认识数据分析，下面介绍一个企业员工流失预测的例子。我们知道员工主动离职的原因多种多样，一般是员工觉得薪资不合理或者自己受到委屈等。但是，企业培养人才需要大量的成本，为了防止人才流失，员工流失分析就显得十分重要。

这里我们收集了部分离职员工的相关数据，共有 6 个字段，包括影响员工离职的主要因素（员工满意度、绩效考核、每月工作时长、工作年限、薪资）以及员工是否已经离职。

首先导入数据，示例代码和输出如下：

```
import pandas as pd
df = pd.read_csv(r'D:\Python 数据分析与机器学习全视频案例\ch01\员工数据.csv')
pd.set_option('display.max_rows', 4)
df
```

	员工满意度	绩效考核	每月工作时长	工作年限	薪资	是否离职
0	0.38	0.53	157	3	low	1
1	0.80	0.86	262	6	medium	1
...	...	...	...	...	...	...
14997	0.11	0.96	280	4	low	1
14998	0.37	0.52	158	3	low	1

```
14999 rows × 6 columns
```

由于这里的数据已经在 Excel 中清洗过，没有缺失值和异常值等，因此下面直接进行描述性统计分析，以进一步了解数据的分布情况，示例代码和输出如下：

```
df.describe()
```

	员工满意度	绩效考核	每月工作时长	工作年限	是否离职
count	14999.000000	14999.000000	14999.000000	14999.000000	14999.000000
mean	0.612834	0.716102	201.050337	3.498233	0.238083
...	...	...	...	...	...
75%	0.820000	0.870000	245.000000	4.000000	0.000000
max	1.000000	1.000000	310.000000	10.000000	1.000000

```
8 rows × 5 columns
```

此外，为了研究员工的平均每月工作时长与是否离职两者之间的关系，下面使用可视化的方法进行深入分析，示例代码如下：

```
#导入相关包或库
import numpy as np
import matplotlib.pyplot as plt

#图形显示中文
plt.rcParams['font.sans-serif']=['SimHei']
plt.rcParams['axes.unicode_minus'] = False

#绘制箱线图
figure,axes=plt.subplots(figsize=(11,7))
y_axis = [df[df.是否离职 == 0].每月工作时长.values, df[df.是否离职 == 1].每月工作
时长.values]
axes.boxplot(y_axis, notch=True, vert=True, patch_artist=True)

#设置箱线图
plt.ylabel('平均每月工作时长',fontsize=16)
plt.title('平均每月工作时长与是否离职的分析',fontsize=20)
plt.setp(axes, xticks=[1,2], xticklabels=['在职', '离职'])
plt.xticks(fontsize=16)
plt.yticks(fontsize=16)
plt.show()
```

通过运行上面的代码，可以绘制出平均每月工作时长与是否离职的箱线图，如图 1-19 所示。可以看出离职人员的平均每月工作时长相对较长，也就是说加班可能会导致部分员工离职。

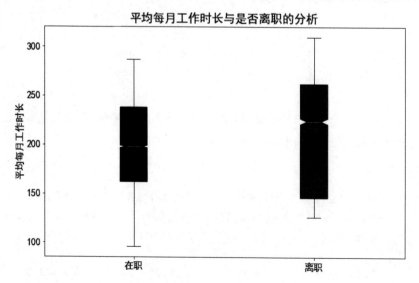

图 1-19　箱线图

1.5　小结与课后练习

本章要点

1. 概述了为什么要进行数据分析，以及数据分析的流程和思维。

2. 介绍了 3 种常用 Python 集成开发环境的安装、配置和测试等。

3. 介绍了几个必会的 Python 数据分析包，如 NumPy、Pandas、Matplotlib 等。

课后练习

练习 1：安装新版本的 Anaconda，并查看 Python 的版本信息。

练习 2：安装和配置 Jupyter 包，启动并登录 JupyterLab。

练习 3：使用 pip 更新数据处理和数据分析中常用的 Pandas 包。

第 2 章

Python 核心基础

Python 是一种计算机编程语言，与我们日常使用的自然语言有所不同，最大的区别就是，自然语言在不同的语境下有不同的理解，而计算机要根据编程语言执行任务，就必须保证用编程语言写出的程序不能有歧义。本章我们将详细介绍 Python 编程基础，包括数据类型、基础语法、常用高阶函数和编程技巧等。

2.1 Python 数据类型

在编程语言中，通常使用变量来存储数据，为了更加充分地利用计算机内存空间，需要为变量指定不同的数据类型。本节介绍 Python 中常见的几种数据类型，包括数值、字符串、列表、元组、集合和字典。

2.1.1 数值类型

Python 中的数值类型用于存储数值，主要有整数（int）和小数（float）两种。注意，Python的数值类型的变量是不可变对象，如果要改变变量的值，相当于定义了新的对象（即重新分配了内存空间）。例如，数据分析师小王统计汇总上个月商品总的退单量是 29 件，输入代码如下：

```
order_return = 29
```

但是，小王检查代码时发现自己设置订单日期时没有设置结束日期，导致退单量偏大，实际只有 21 件，重新输入的代码如下：

```
order_return = 21
```

运行上述代码后，现在变量 order_return 的数值就是商品的退单量 21，而不再是前面输入的 29，示例代码和输出如下：

```
order_return
```

```
21
```

Python 还提供了丰富的函数，其中数学函数、随机数函数、三角函数等返回的值都是数值类型。表 2-1 列举了一些常用的数学函数。

表 2-1　常用的数学函数

序　号	函 数 名	说　明
1	ceil(x)	返回数值 x 的上入整数，如 math.ceil(4.1)返回 5
2	exp(x)	返回 e 的 x 次幂（e^x），如 math.exp(1)返回 2.718281828459045
3	fabs(x)	返回数值 x 的绝对值，如 math.fabs(-10)返回 10.0
4	floor(x)	返回数值 x 的下舍整数，如 math.floor(4.9)返回 4
5	log(x)	返回自然对数值，即以 e 为底的对数，math.log(100,10)返回 2.0
6	log10(x)	返回以 10 为底的 x 的对数，如 math.log10(100)返回 2.0
7	modf(x)	返回数值 x 的整数部分与小数部分，数值符号与 x 相同
8	pow(x, y)	返回 x**y 运算后的值
9	sqrt(x)	返回数值 x 的平方根

2.1.2　字符串类型

字符串是 Python 中常用的数据类型。我们可以使用英文的单引号（"）或双引号（""）来创建字符串，字符串可以是英文、中文或中英文的混合。例如，输入以下代码：

```
str1 = "Hello Python!"
str2 = "你好 Python!"
```

运行 str1 和 str2，输出如下：

```
str1
```

```
'Hello Python!'
str2
```

```
'你好 Python!'
```

在 Python 中，可以通过"+"实现字符串与其他字符串的串接，例如输入以下代码：

```
str3 = str1 + " My name is Wren!"
```

输入 str3 变量，输出如下：

```
str3
```

```
'Hello Python! My name is Wren!'
```

在字符串中，我们可以通过索引获取字符串中的字符，遵循"左闭右开"的原则，注意索引是从 0 开始的。例如，截取 str1 的前 5 个字符，示例代码如下：

```
str1[:5]
#或者 str1[0:5]
```

运行上述代码，输出 str1 中的前 5 个字符"Hello"，索引分别对应 0、1、2、3、4。原字符串中每个字符所对应的索引号如表 2-2 所示。

表2-2 字符串的索引

原字符串	H	e	l	l	o		P	y	t	h	o	n	!
正向索引	0	1	2	3	4	5	6	7	8	9	10	11	12
反向索引	−13	−12	−11	−10	−9	−8	−7	−6	−5	−4	−3	−2	−1

此外，还可以使用反向索引实现上述同样的需求，但是索引位置有变化，分别对应-13、-12、-11、-10、-9，示例代码和输出如下：

```
str1[-13:-8]
```

```
'Hello'
```

同理，我们也可以截取原字符串中的"Python"子字符串，索引的位置是 6～12，包含 6，但不包含 12，截取字符串的示例代码和输出如下：

```
str1[6:12]
```

```
'Python'
```

Python 提供了方便灵活的字符串运算，表 2-3 列出了用于字符串运算的运算符。

表 2-3 字符串运算符

序 号	运 算 符	说 明
1	+	字符串串接
2	*	重复输出字符串
3	[]	通过索引获取字符串中的字符
4	[:]	截取字符串中的一部分，遵循"左闭右开"的原则
5	in	成员运算符，如果字符串中包含给定的字符，就返回 True
6	not in	成员运算符，如果字符串中不包含给定的字符，就返回 True
7	r/R	原始字符串，所有的字符串都是直接按照字面的意思来输出
8	%	格式字符串

下面以成员运算符为例介绍字符串运算符。例如，我们要判断 Python 是否在字符串变量 str1 中，示例代码和输出如下：

```
'Python' in str1
```

```
True
```

这里显示的是 True，如果不存在，结果就为 False。

2.1.3　列表类型

列表是常用的 Python 数据类型，使用方括号创建，数据项用逗号分隔。注意列表的数据项不需要具有相同的类型。例如，创建 3 个列表，示例代码如下：

```
list1 = ['region', 2019, 2020]
list2 = [289, 258, 191, 153]
list3 = ["south", "north", "east", "west"]
```

运行上述创建列表的代码，输出如下：

```
list1
```

```
['region', 2019, 2020]
list2
```

```
[289, 258, 191, 153]
list3
```

```
['south', 'north', 'east', 'west']
```

列表的索引与字符串的索引一样，也是从 0 开始的，此外，还可以进行截取、组合等操作。例如，我们截取 list3 中的索引 1～3，当不包含索引为 3 的字符串时，示例代码和输出如下：

```
list3[1:3]
```

```
['north', 'east']
```

可以对列表的数据项进行修改或更新。例如，修改列表 list1 中索引为 1 的元素的数值 2019，将其修改为文本"2019 年"，示例代码和输出如下：

```
list1[1]
```

```
2019
list1[1] = '2019年'
list1
```

```
['region', '2019年', 2020]
```

可以使用 del 语句来删除列表中的元素，示例代码和输出如下：

```
del list1[1]
list1
```

```
['region', 2020]
```

也可以调用 append()方法在尾部添加列表项，示例代码和输出如下：

```
list1.append(2021)
list1
```

```
['region', 2020, 2021]
```

此外，还可以调用 insert()方法在中间添加列表项，示例代码和输出如下：

```
list1.insert(1,2019)
list1
```

```
['region', 2019, 2020, 2021]
```

2.1.4 元组类型

Python 的元组与列表类似，不同之处在于元组的元素不能修改。注意元组使用小括号，而列表使用方括号。元组的创建很简单，只需要在括号中添加元素，并使用逗号隔开即可。例如，创建 3 个企业商品有效订单的元组，示例代码如下：

```
tup1 = ('region', 2019, 2020)
tup2 = (289, 258, 191, 153)
tup3 = ("south", "north", "east", "west")
```

运行上述创建元组的代码，输出如下：

```
tup1
```

```
('region', 2019, 2020)
tup2
```

```
(289, 258, 191, 153)
tup3
```

```
('south', 'north', 'east', 'west')
```

元组中只包含一个元素时，需要在元素后面添加逗号，否则括号会被当作运算符使用，示例代码和输出如下：

```
tup4 = (2021,)
tup4
```

```
(2021,)
tup5 = (2021)
```

```
tup5
```

```
2021
```

元组的索引与字符串的索引一样，也是从 0 开始的，也可以进行截取、组合等操作。例如，我们截取 tup3 中的索引 1～3，当不包含索引为 3 的元素时，示例代码和输出如下：

```
tup3[1:3]
```

```
('north', 'east')
```

在 Python 中，也可以通过"+"实现对元组的串接，运算后会生成一个新的元组，示例代码和输出如下：

```
tup6 = tup1 + tup4
tup6
```

```
('region', 2019, 2020, 2021)
```

注意，元组中的元素是不允许修改和删除的。例如，当试图修改元组 tup6 中第 4 个元素的数值时，系统会提示如下错误信息：

```
tup6[3] = 2022
```

```
--------------------------------------------------------------------------
TypeError                    Traceback (most recent call last)
<ipython-input-40-4dca61632e74> in <module>
----> 1 tup6[3] = 2022
TypeError: 'tuple' object does not support item assignment
```

2.1.5　集合类型

集合是一个无序的不重复的元素序列，可以使用大括号或者调用 set()函数来创建。注意，创建一个空集合时必须调用 set()函数，因为{ }是用来创建一个空字典的，并不是用来创建空集合的。创建集合的语法格式如下：

```
parame = {value01, value02, ...}
或者 set(value)
```

下面以客户购买商品为例介绍集合的去重功能，假设某客户在 11 月份购买了 6 次商品，分别是打印纸、椅子、书籍、配件、文件夹、配件，这里有重复的商品，我们可以借助集合删除重复值，示例代码如下：

```
buy_oct = {'打印纸','椅子','书籍','配件','文件夹','配件'}
```

运行上述代码，输出如下：

```
buy_oct
```

```
{'书籍', '文件夹', '椅子', '打印纸', '配件'}
```

可以看出已经删除了重复值，只保留了 5 种不同类型的商品名称。

同理，该客户在 12 月份购买了 4 次商品，分别是装订机、椅子、书籍、配件，示例代码和输出如下：

```
buy_nov = {'装订机','椅子','书籍','配件'}
buy_nov
```

```
{'书籍', '椅子', '装订机', '配件'}
```

可以快速判断某个元素是否在某集合中，例如判断该客户 11 月份是否购买了"配件"，示例代码和输出如下：

```
'配件' in buy_oct
```

```
True
```

Python 中的集合与数学上的集合概念基本类似，也有交集、并集、差集和补集，集合之间关系的维恩图如图 2-1 所示。

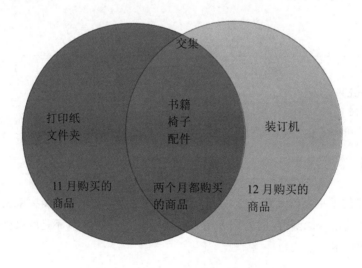

图 2-1　集合间的关系

集合的交集，例如，统计该客户 11 月份和 12 月份都购买的商品，示例代码和输出如下：

```
buy_oct & buy_nov
```

```
{'书籍', '椅子', '配件'}
```

集合的并集，例如，统计该客户 11 月份和 12 月份购买的商品，示例代码和输出如下：

```
buy_oct | buy_nov
```

```
{'书籍', '文件夹', '椅子', '打印纸', '装订机', '配件'}
```

集合的差集，例如，统计该客户在 11 月份和 12 月份不同时购买的商品，示例代码和输出如下：

```
buy_oct ^ buy_nov
```

```
{'文件夹', '打印纸', '装订机'}
```

集合的补集，例如，统计该客户 11 月份购买，而 12 月份没有购买的商品，示例代码和输出如下：

```
buy_oct - buy_nov
```

```
{'文件夹', '打印纸'}
```

2.1.6　字典类型

字典是另一种可变容器模型，可存储任意类型的对象。字典的每个"键-值对"（Key-Value Pair）用冒号隔开，每个"键-值对"之间用逗号分隔开，整个字典包括在花括号中，语法格式如下：

```
dict = {key1:value1, key2:value2}
```

注意，"键-值对"中的键必须是唯一的，但是值可以不唯一，且数值可以取任何数据类型，但键必须是不可变的，如字符串或数字，示例代码如下：

```
dict1 = {'order': 291}
dict2 = {'order': 291, 2020:3}
dict3 = {'south': 289, 'north': 258, 'east': 191, 'west': 153}
```

运行上述代码，新建的字典如下：

```
dict1
```

```
{'order': 291}
dict2
```

```
{'order': 291, 2020: 3}
dict3
```

```
{'south': 289, 'north': 258, 'east': 191, 'west': 153}
```

在 Python 中，如果要访问字典中的值，需要把相应的键放入方括号中，示例代码和输出如下：

```
dict3['north']
```

```
258
```

在 Python 中，如果字典中没有该键，就会报错，示例代码及其输出的错误信息如下：

```
dict3['southeast']
```

```
---------------------------------------------------------------------------
KeyError                    Traceback (most recent call last)
```

```
<ipython-input-20-88c91a4f85ec> in <module>
----> 1 dict3['southeast']
KeyError: 'southeast'
```

在 Python 中，向字典添加新内容的方法是增加新的"键-值对"、修改已有"键-值对"。若要向字典 dict2 中添加键 sales，示例代码和输出如下：

```
dict2['sales'] = 6965.18
dict2[2020] = 4
dict2

{'order': 291, 2020: 4, 'sales': 6965.18}
```

在 Python 中，能够删除字典中的单一元素，也能清空和删除字典。若要删除字典 dict2 中的键 2020，然后清空字典，最后删除字典，示例代码和输出如下：

```
del dict2[2020]
dict2

{'order': 291, 'sales': 6965.18}
dict2.clear()
dict2

{}
del dict2
dict2

-----------------------------------------------------------------------
NameError                 Traceback (most recent call last)
<ipython-input-32-522e1a9638e7> in <module>
----> 1 dict2
NameError: name 'dict2' is not defined
```

2.2　Python 基础语法

编写 Python 程序之前，还需要对基础语法有所了解，这样才能编写出比较规范的程序。本节介绍 Python 的基础语法，包括代码行与缩进、条件语句、循环语句、格式化语句等。

2.2.1　代码行与缩进

Python 使用空格来组织代码块及其层级关系，而且一般使用 4 个半角空格（即西文空格），这不像 R、C++、Java 和 Perl 等其他编程语言使用括号来组织代码区及其层级关系。例如，使用 for 循环求 1～100 所有数的和，示例代码如下：

```
sum = 0
for i in range(1,101):
    sum = sum + i
    print(sum)
```

运行上述代码，在下方会输出运算结果为 5050。注意，Python 中的缩进空格数是可变的，但是在同一个代码块中必须包含相同数量的缩进空格。

在 Python 中，通常是一行写完一条语句，如果要写多条语句，就需要使用分号分隔。此外，如果语句很长，则可以使用反斜杠（\）来实现换行，但是在包含[]、{}或()中的多行语句中不需要使用反斜杠，示例代码如下：

```
south = 289; north = 258; east = 191; west = 153
order_total = south + north + \
              east + west
region = ["south", "north",
              "east", "west"]
```

2.2.2 条件 if 及 if 嵌套

前面我们看到的代码都是顺序执行的，也就是先执行第 1 条语句，然后是第 2 条、第 3 条……一直到最后一条语句，这种程序流程的基本结构被称为顺序结构。

但是在很多情况下，顺序结构的代码是远远不够的，比如一个程序限制了只能成年人使用，儿童因为年龄不够，没有权限使用。这时程序就需要做出判断，看用户是否是成年人，并给出提示。

在 Python 中，可以使用 if else 语句对条件进行判断，然后根据不同的结果执行不同的代码，这种程序流程的基本结构被称为选择结构或者分支结构。

Python 中的 if else 语句可以细分为 3 种形式，分别是 if 语句、if else 语句和 if 嵌套语句，它们的执行流程如图 2-2～图 2-4 所示。

例如在统计考试成绩时，一般会对成绩分等级，那么可以使用if嵌套语句来实现，示例代码如下：

```
return = 83

if return < 60:
    print("不及格")
else:
    if return <= 75:
        print("一般")
    else:
        if return <= 85:
            print("良好")
        else:
            print("优秀")
```

运行上述代码，输出为"良好"，当然还有很多实现方法，这里就不再逐一列出了。

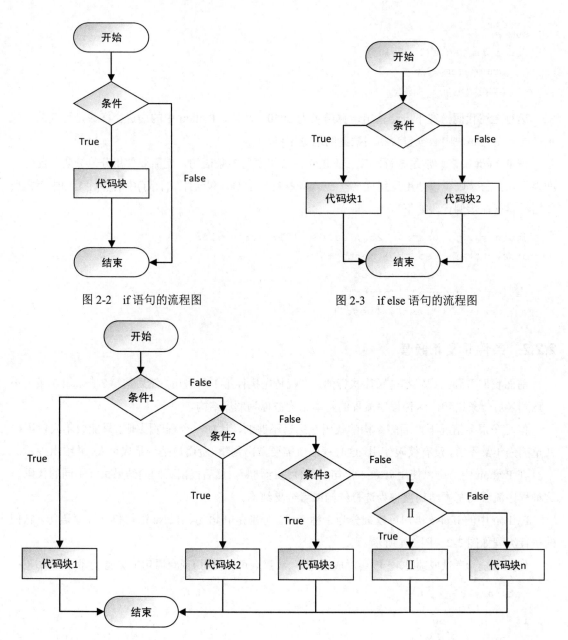

图 2-2　if 语句的流程图　　　　　　　　图 2-3　if else 语句的流程图

图 2-4　if 嵌套语句的流程图

2.2.3　循环：while 与 for

在 Python 中，while 循环和 if 条件分支语句类似，即在条件（表达式）为真（True）的情况下，会执行相应的代码块。不同之处在于，只要条件为真，while 就会一直重复执行代码块。

while 语句的语法格式如下：

```
while 条件表达式:
    代码块
```

这里的代码块指的是缩进格式相同的多行代码，不过在循环结构中，它又称为循环体。while语句执行的具体流程为：首先判断条件表达式的值，其值为真（True）时，则执行代码块中的语句，当执行完毕后，再回过头来重新判断条件表达式的值是否为真，若仍为真，则继续重复执行循环体内的代码块……，直到条件表达式的值为假（False），才终止循环。while循环语句的流程图如图2-5所示。

在 Python 中，for 循环的使用比较频繁，常用于遍历字符串、列表、元组、字典、集合等序列类型，逐个获取序列中的各个元素。

for 循环的语法格式如下：

```
for 迭代变量 in 变量:
    代码块
```

其中，迭代变量用于存放从序列类型变量中读取出来的元素，所以一般不会在循环中手动给迭代变量赋值，"代码块"指的是具有相同缩进格式的多行代码（和 while 一样），由于和循环结构联用，因此又称为循环体。for 循环语句的流程图如图 2-6 所示。

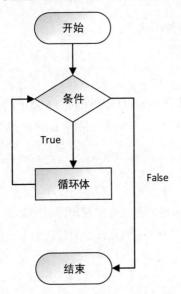

图 2-5　while 循环语句的流程图

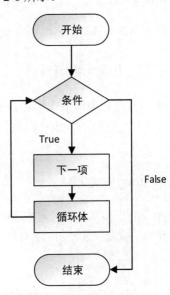

图 2-6　for 循环语句的流程图

使用 while 循环输出九九乘法表的代码如下：

```
i = 1
while i<=9:
    j = 1
    while j <= i:
        print('%d*%d=%2d\t'%(i,j,i*j),end='')
        j+=1
    print()
    i +=1
```

运行上述代码，输出如下：

```
1*1= 1
2*1= 2   2*2= 4
3*1= 3   3*2= 6   3*3= 9
4*1= 4   4*2= 8   4*3=12   4*4=16
5*1= 5   5*2=10   5*3=15   5*4=20   5*5=25
6*1= 6   6*2=12   6*3=18   6*4=24   6*5=30   6*6=36
7*1= 7   7*2=14   7*3=21   7*4=28   7*5=35   7*6=42   7*7=49
8*1= 8   8*2=16   8*3=24   8*4=32   8*5=40   8*6=48   8*7=56   8*8=64
9*1= 9   9*2=18   9*3=27   9*4=36   9*5=45   9*6=54   9*7=63   9*8=72   9*9=81
```

也可以使用 for 循环输出九九乘法表，代码如下：

```
for i in range(1, 10):
    for j in range(1, i + 1):
        print(j, '*', i, '=', i * j, end="\t")
    print()
```

当然，九九乘法表还有很多实现方法，这里就不再详细阐述了。

2.2.4　格式化：format()与%

目前 Python 中字符串的格式化有 format 和%两种。其中 format()是 Python 2.6 新增的一种格式化字符串函数，与之前的%格式化字符串相比，优势比较明显。下面重点讲解 format()函数及其使用方法。

1．利用f-string格式化

在 Python 3.6 中加入了一个新特性：f-strings，其表示可以直接在字符串的前面加上 f 来格式化字符串。例如，输出"2020 年 12 月华东地区的销售额是 99.68 万元。"的代码如下：

```
region = '华东'
sales = 99.68
s = f'2020年12月{region}地区的销售额是{sales}万元。'
print(s)
```

2．利用位置格式化

可以通过索引直接使用"*"将列表打散，通过索引来取值。例如，输出"2020 年 12 月华东地区的销售额是 99.68 万元，利润额是 3.01 万元。"的代码如下：

```
sales = ['华东',99.68,3.01]
s = '2020年12月{0}地区的销售额是{1}万元，利润额是{2}万元。'.format(*sales)
print(s)
```

3．利用关键字格式化

也可以通过"**"将字典打散，通过键（Key）来取值（Value）。例如，输出"2020 年 12 月华东地区的销售额是 99.68 万元，利润额是 3.01 万元。"的代码如下：

```
d = {'region':'华东','sales':99.68,'profit':3.01}
s = '2020 年 12 月{region}地区的销售额是{sales}万元，利润额是{profit}万元。'.format(**d)
print(s)
```

4．利用对象属性格式化

在类中，可以自定义__str__方法来实现特定的输出。例如，输出"姓名：王海，年龄：26 岁"的代码如下：

```
class Person:
    def __init__(self,name,age):
        self.name = name
        self.age = age
    def __str__(self):
        return '姓名:{self.name}，年龄:{self.age}岁'.format(self = self)
person = Person('王海',26)
print(person)
```

5．利用下标格式化

还可以利用下标 + 索引的方法进行格式化。例如，输出"2020 年 12 月份华东地区销售额是 99.68 万元，利润额是 3.01 万元。"的代码如下：

```
sales = ['华东',99.68,3.01]
s = '2020 年 12 月份{0[0]}地区销售额是{0[1]}万元,利润额是{0[2]}万元。'.format(sales)
print(s)
```

6．利用填充与对齐格式化

填充与对齐的方法与 Excel 中的基本类似，通常填充与对齐一起使用。其中，>、^、<分别表示右对齐、居中、左对齐，后面的数值表示宽度，":"后面（默认是空格）表示填充的字符，只能是一个字符。例如，对数值 19 进行填充与对齐，代码如下：

```
s1 = '{:>10}'.format('19')
print(s1)

s2 = "{:0>10}".format('19')
print(s2)

s3 = "{:0^10}".format('19')
print(s3)
```

```
s4 = '{:*<10}'.format('19')
print(s4)
```

运行上述代码，输出如下：

```
        19
0000000019
0000190000
19********
```

其中符号后面的数值 10 表示总共有多少位字符，s1 用空格填充左边的空格，s2 用 0 填充左边的空格，s3 用 0 填充左右两边的空格，s4 用 "*" 填充右边的空格。

7．利用精度与类型格式化

精度与类型可以一起使用，格式为{ :.nf} .format(数字)，其中.n 表示保留 n 位小数，对于整数直接保留固定位数的小数位。例如，输出 3.1416 和 26.00 的代码如下：

```
pi = 3.1415926
print('{:.4f}'.format(pi))

age = 26
print('{:.2f}'.format(age))
```

8．利用千分位分隔符格式化

"{:,}".format()中的冒号加逗号表示可以将一个数字每三位用逗号进行分隔，例如输出"123,456,789"的代码如下：

```
print("{:,}".format(123456789))
```

此外，目前%格式化字符串相对来说使用较少，例如输出 "Hello World!" 的代码如下：

```
print('%s' % 'Hello World!')
```

2.3 Python 高阶函数

在Python语言中，高阶函数的抽象能力是非常强大的，在代码中善于利用这些高阶函数，可以编写出简洁明了的程序代码。本节我们通过案例介绍map()函数、reduce()函数、filter()函数和sorted()函数4类高阶函数。

2.3.1 map()函数

Python 内建了 map()函数，它接收两个参数：一个是函数，另一个是迭代器（Iterator）。map()

函数将传入的函数依次作用到序列的每一个元素上，把结果作为新的迭代器并返回。

例如，求一个列表中各个数值的立方，返回的还是列表，就可以调用 map()函数实现，示例代码如下：

```
def f(x):
    return x**3
r = map(f, [1, 2, 3, 4, 5, 6, 7, 8, 9])
list(r)
```

map()函数传入的第一个参数是 f，即函数对象本身。由于结果 r 是一个迭代器，迭代器是惰性序列，因此通过 list()函数让它把整个序列都计算出来并返回一个列表。

其实这里可以不需要调用 map()函数，编写一个循环也可以实现同样的功能，示例代码如下：

```
def f(x):
    return x**3
S = []
for i in [1, 2, 3, 4, 5, 6, 7, 8, 9]:
    S.append(f(i))
print(S)
```

所以，map()函数作为高阶函数，它把运算规则抽象化，我们不仅可以传入简单的诸如 f(x)=x**3 这样的函数，还可以传入任意复杂的函数。例如把列表中所有的数字转为字符串，示例代码如下：

```
list(map(str,[1, 2, 3, 4, 5, 6, 7, 8, 9]))
```

运行上述代码，输出为 "['1', '2', '3', '4', '5', '6', '7', '8', '9']"，可以看出列表中所有的数字都转为字符串了。

2.3.2　reduce()函数

reduce()函数有三个参数：一个是函数 f，一个是列表，还有一个是可选的初始值。初始值的默认值是 0，reduce()函数传入的函数 f 对列表的每个元素反复调用函数 f，并返回最终计算结果。

例如，计算列表[1, 2, 3, 4, 5]中所有数值的和，初始值是 100，示例代码如下：

```
from functools import reduce

list_a = [1,2,3,4,5]

def fn(x, y):
    return x + y

total = reduce(fn,list_a,100)
print(total)
```

运行上述代码，输出结果是 115。

此外，也可以使用 Lambda 函数进一步简化程序，示例代码如下：

```
from functools import reduce

list_a = [1,2,3,4,5]

total = reduce(lambda x,y:x+y, list_a, 100)
print(total)
```

2.3.3 filter()函数

Python 内建的 filter()函数用于筛选序列，与 map()函数类似，filter()函数也接收一个函数和一个序列。与 map()函数不同的是，filter()函数把传入的函数依次作用于每一个元素，然后根据返回值是 True 还是 False 来决定是保留还是丢弃该元素。

例如，调用 filter()函数筛选出 1～100 中平方根是整数的数，示例代码如下：

```
import math

def is_sqr(x):
    return math.sqrt(x) % 1 == 0

print(list(filter(is_sqr, range(1, 101))))
```

运行上述代码，输出为"[1, 4, 9, 16, 25, 36, 49, 64, 81, 100]"，其中 math.sqrt()是求平方根的函数。

此外，还可以用 filter()函数来处理缺失值等。例如，将一个序列中的空字符串都删除掉，示例代码如下：

```
def region(s):
    return s and s.strip()

list(filter(region, ['华东','','华北',None,'华南',' ']))
```

运行上述代码，输出为"['华东','华北','华南']"。可见使用 filter()高阶函数的关键在于如何正确地实现一个筛选函数。

注意　filter()函数返回的是一个迭代器，也是一个惰性序列，计算结果都需要调用 list()函数来获得所有结果并返回一个列表。

2.3.4 sorted()函数

排序是程序中经常用到的算法。无论使用冒泡排序还是快速排序，排序的核心都是比较两个元素的大小。如果用于排序的是数字，可以直接比较，但如果是字符串或者字典，直接比较数学上的大小是没有意义的，因此比较的过程必须通过函数抽象出来。

Python 内置的 sorted()函数可以对列表进行排序：

```
sorted([12, 2, -2, 8, -16])
```

运行上述代码，输出为"[-16, -2, 2, 8, 12]"。

此外，sorted()函数可以接收一个 key 函数来实现自定义的排序，例如按绝对值大小排序，代码如下：

```
sorted([12, 2, -2, 8, -16],key=abs)
```

运行上述代码，输出为"[2, -2, 8, 12, -16]"。

用 key 指定的函数将作用于列表的每一个元素上，并根据 key 函数返回的结果进行排序。

我们再看一个字符串排序的例子，代码如下：

```
sorted(['Month', 'year', 'Day', 'hour'])
```

运行上述代码，输出为"['Day', 'Month', 'hour', 'year']"。

默认情况下，对字符串的排序是按照字符串中字符的 ASCII 编码的大小来排序的，大写字母会排在小写字母的前面。

现在，我们提出排序忽略大小写，按照字母顺序排序。要实现这个算法，不必对现有代码大加改动，只要我们能用一个 key 函数把字符串映射为忽略字母大小写的排序即可。忽略字母大小写来比较两个字符串，实际上就是先把字符串中的字母都变成大写字母（或者都变成小写字母），然后再进行比较。

这样，我们给 sorted()函数传入 key 函数，即可实现忽略字母大小写进行排序：

```
sorted(['Month', 'year', 'Day', 'hour'],key=str.lower)
```

运行上述代码，输出为"['Day', 'hour', 'Month', 'year']"。

要进行反向排序，不必改动 key 函数，传入第三个参数 reverse=True 即可：

```
sorted(['Month', 'year', 'Day', 'hour'], key=str.lower, reverse=True)
```

运行上述代码，输出为"['year', 'Month', 'hour', 'Day']"。

2.4　Python 编程技巧

编程是有技巧的，能写出程序的人很多，但是能又快又好是需要技巧的。本节介绍一些常用的 Python 语言编程技巧，包括自动补全程序、变量值的互换、列表解析式、元素序列解包。

2.4.1　自动补全程序

JupyterLab 与 Spyder、PyCharm 等交互编程开发环境一样，具有 Tab 补全功能，在 Shell 中输入表达式，按 Tab 键，JupyterLab 就会搜索已输入的变量名、对象名、函数名等。

例如，输入企业 2020 年的总销售额 996.18 万元，并赋值给名为 order_sales 的变量。

```
order_sales = 996.18
```

再输入企业 2020 年的总利润额 98.39 万元，并赋值给名为 order_profit 的变量。

```
order_profit = 98.39
```

接着在 JupyterLab 中输入"order"，然后按 Tab 键，这时就会弹出与 order 命名相关的变量，如图 2-7 所示。

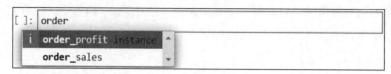

图 2-7　自动补全示例 1

可以看出，JupyterLab 会显示出之前已经定义的变量及函数等，编程人员可根据具体需要进行选择。当然，也可以补全任何对象的方法和属性，例如企业 2020 年不同区域的销售额为 order_volume，在 JupyterLab 中输入"order_volume."（注意别忘了输入"."），然后按 Tab 键，就会弹出相关的函数，如图 2-8 所示。

```
order_volume = [289, 258, 191, 153]
```

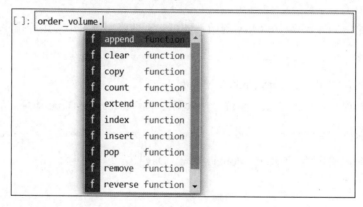

图 2-8　自动补全示例 2

2.4.2　变量值的互换

如果要互换变量 a 和 b 中的值，通用的方法是：首先定义一个临时变量，先将变量 a 的值赋给临时变量 temp，再将变量 b 的值赋给变量 a，最后将临时变量 temp 中的值赋给变量 b，最终完成两个变量值的互换。

示例代码和输出如下：

```
a = 28; b = 82
temp = a
a = b
b = temp
print('a =',a)
print('b =',b)
```

```
a = 88
b = 66
```

这段代码在 Python 中其实可以改写成下面的简洁形式，示例代码如下：

```
a = 28; b = 82
a, b = b, a
print('a =',a)
print('b =',b)
```

2.4.3　列表解析式

如果要把 2020 年企业各个季度的订单列表中的数值都加上 60，通常可以用 for 遍历整个列表来实现这个功能，示例代码和输出如下：

```
order_volume = [289, 258, 191, 153]
for i in range(len(order_volume)):
    order_volume[i] = order_volume[i] + 60
print(order_volume)

[349, 318, 251, 213]
```

上述程序的功能也可以使用列表解析式的方法来实现，示例代码和输出如下：

```
order_volume = [289, 258, 191, 153]
order_volume = [x + 60 for x in order_volume]
print(order_volume)

[349, 318, 251, 213]
```

其中方括号中的后半部分"for x in order_volume"是告诉 Python 这里需要枚举变量中的所有元素，其中每个元素的名为 x，方括号中的前半部分"x + 60"则是将其中的每个数值 x 分别加上 60。

列表解析式还有另一个应用，就是筛选列表中的元素，若要筛选变量 order_volume 中大于 200 的数据，示例代码和输出如下：

```
order_volume = [289, 258, 191, 153]
order_volume = [x for x in order_volume if x > 200]
print(order_volume)

[289, 258]
```

我们可以这样理解上述第二行代码的含义：新的列表由 x 构成，而 x 来源于之前的 order_volume，并且需要满足 if 语句中的条件。

2.4.4 元素序列解包

序列解包是 Python 3 之后才有的语法，可以用这种语法将元素序列解包到另一组变量中。例如，province 中存储了华东地区及其具体省市的名称，如果我们想单独提取出地区名称和省市名称，并把它们分别存储到不同的变量中，可以调用字符串对象的 split() 方法把这个字符串按冒号分割成多个字符串，示例代码和输出如下：

```
province = '华东地区: 上海市, 江苏省, 安徽省, 浙江省, 福建省, 江西省, 山东省'
region, province_south = province.split(': ')
print(region)
print(province_south)
华东地区
上海市, 江苏省, 安徽省, 浙江省, 福建省, 江西省, 山东省
```

上述代码直接将 split() 方法返回的列表中的元素赋值给变量 region 和变量 province_south。这种方法并不限于列表和元组，而是适用于任意的序列，甚至包括字符串序列。只要赋值运算符左边的变量数目与序列中的元素数目相等即可。

但是在工作中，经常会遇到变量数目与序列中的元素数目不相等的情况，这个时候就需要使用序列解包。可以利用"*"表达式获取单个变量中的多个元素，只要它的解释没有歧义即可，"*"获取的值默认为列表，示例代码和输出如下：

```
a, b, *c = 7.05, 5.66, 4.11, 6.18, 3.09, 2.81
print(a)
print(b)
print(c)

7.05
5.66
[4.11, 6.18, 3.09, 2.81]
```

上述代码获取的是赋值号右侧的剩余部分，当然也可以获取中间的部分，示例代码和输出如下：

```
a, *b, c = 7.05, 5.66, 4.11, 6.18, 3.09, 2.81
print(a)
print(b)
print(c)

7.05
[5.66, 4.11, 6.18, 3.09]
2.81
```

2.5　小结与课后练习

本章要点

1. 介绍了 Python 的基本数据类型，如数值、字符串、列表等。

2. 介绍了 Python 的基础语法，如代码缩进、条件循环和 for 循环等。

3. 介绍了几个非常重要的 Python 高阶函数，如 map()、reduce()等。

4. 介绍了一些 Python 常用编程技巧，如自动补全程序、列表解析式。

课后练习

练习 1：统计某字符串中英文、空格、数字和其他字符的个数。

练习 2：利用列表解析式筛选出 1～200 中平方根是整数的数。

练习 3：调用 translate()函数去掉字符串中的数字且其他字符不改动。

第 3 章

Python 数据分析基础

在实际项目中，我们需要从不同的数据源中提取数据、进行准确性检查、转换和合并整理，并载入数据库，从而供应用程序分析和应用，这一过程就是数据准备。数据只有经过清洗、贴标签、注释和准备后，才能成为宝贵的资源。本章我们将详细介绍如何使用 Python 进行数据准备，包括数据的读取、索引、切片、排序、聚合、透视、合并等。

3.1 数据的读取

在数据分析之前，我们首先需要准备数据分析的"食材"，也就是数据，主要包括商品的属性数据、客户的订单数据、客户的退单数据等。本节将会介绍 Python 读取本地离线数据、Web 在线数据、数据库数据等各种存储形式的数据。

3.1.1 本地离线数据

1. 读取TXT文件数据

调用 Pandas 包中的 read_table()函数，Python 可以直接读取 TXT 格式的数据，例如读取名为 orders.txt 的文件，示例代码如下：

```
import pandas as pd

data = pd.read_table('D:\Python 办公自动化实战：让工作化繁为简\ch03\orders.txt',
delimiter=',', encoding='UTF-8')
print(data[['order_id','order_date','cust_id']])
```

在 JupyterLab 中运行上述代码，输出如下：

```
              order_id      order_date      cust_id
0       CN-2014-100007     2014/1/1      Cust-11980
1       CN-2014-100001     2014/1/1      Cust-12430
2       CN-2014-100002     2014/1/1      Cust-12430
3       CN-2014-100003     2014/1/1      Cust-12430
4       CN-2014-100004     2014/1/1      Cust-13405
...                ...          ...             ...
19485   CN-2020-101502     2020/6/30     Cust-18715
19486   CN-2020-101503     2020/6/30     Cust-18715
19487   CN-2020-101499     2020/6/30     Cust-19900
19488   CN-2020-101500     2020/6/30     Cust-19900
19489   CN-2020-101505     2020/6/30     Cust-21790


[19490 rows x 3 columns]
```

2. 读取CSV文件数据

调用Pandas包中的read_csv()函数，Python可以直接读取CSV格式的数据，例如读取名为orders.csv的文件，示例代码如下：

```
#连接 CSV 数据文件
import pandas as pd

data = pd.read_csv('D:\Python 办公自动化实战：让工作化繁为简\ch03\orders.csv',
delimiter=',', encoding='UTF-8')
print(data[['order_id','order_date','cust_type']])
```

在 JupyterLab 中运行上述代码，输出如下：

```
              order_id      order_date    cust_type
0       CN-2014-100007     2014/1/1        消费者
1       CN-2014-100001     2014/1/1       小型企业
2       CN-2014-100002     2014/1/1       小型企业
3       CN-2014-100003     2014/1/1       小型企业
4       CN-2014-100004     2014/1/1        消费者
...                ...          ...          ...
19485   CN-2020-101502     2020/6/30        公司
19486   CN-2020-101503     2020/6/30        公司
19487   CN-2020-101499     2020/6/30       消费者
19488   CN-2020-101500     2020/6/30       消费者
19489   CN-2020-101505     2020/6/30       消费者


[19490 rows x 3 columns]
```

3. 读取Excel文件数据

调用Pandas包中的read_excel()函数，Python可以直接读取Excel格式的数据，例如读取名为orders.xls的文件，代码如下：

```
#连接 Excel 数据文件
import pandas as pd

data = pd.read_excel('D:\Python 办公自动化实战: 让工作化繁为简\ch03\orders.xls')
print(data[['order_id','order_date','product_id']])
```

在 JupyterLab 中运行上述代码，输出如下：

```
       order_id   order_date   product_id
0      CN-2014-100007 2014-01-01  Prod-10003020
1      CN-2014-100001 2014-01-01  Prod-10003736
2      CN-2014-100002 2014-01-01  Prod-10000501
3      CN-2014-100003 2014-01-01  Prod-10002358
4      CN-2014-100004 2014-01-01  Prod-10004748
...            ...         ...          ...
19485  CN-2020-101502 2020-06-30  Prod-10002305
19486  CN-2020-101503 2020-06-30  Prod-10004471
19487  CN-2020-101499 2020-06-30  Prod-10000347
19488  CN-2020-101500 2020-06-30  Prod-10002353
19489  CN-2020-101505 2020-06-30  Prod-10004787

[19490 rows x 3 columns]
```

3.1.2 Web 在线数据

Python 可以读取 Web 在线数据，这里选取的数据集是 UCI 上的红酒数据集，该数据集是对意大利同一地区种植的葡萄酒进行化学分析的结果，这些葡萄酒来自三个不同的品种，分析确定了三种葡萄酒中每种葡萄酒含有的 13 种成分的数量。不同种类的酒品，它的成分也有所不同，通过对这些成分的分析就可以对不同的特定的葡萄酒进行分类分析，原始数据集共有 178 个样本数、3 种数据类别，每个样本有 13 个属性。

Python 读取红酒在线数据集的代码如下：

```
#导入相关包或库
import numpy as np
import pandas as pd
import urllib.request

url = 'http://archive.ics.uci.edu//ml//machine-learning-databases//wine//wine.data'
```

```
raw_data = urllib.request.urlopen(url)
dataset_raw = np.loadtxt(raw_data, delimiter=",")
df = pd.DataFrame(dataset_raw)
print(df.head())
```

在 JupyterLab 中运行上述代码，输出结果如下：

```
     0      1     2     3     4      5     6     7     8     9     10    11  …
0  1.0  14.23  1.71  2.43  15.6  127.0  2.80  3.06  0.28  2.29  5.64  …
1  1.0  13.20  1.78  2.14  11.2  100.0  2.65  2.76  0.26  1.28  4.38  …
2  1.0  13.16  2.36  2.67  18.6  101.0  2.80  3.24  0.30  2.81  5.68  …
3  1.0  14.37  1.95  2.50  16.8  113.0  3.85  3.49  0.24  2.18  7.80  …
4  1.0  13.24  2.59  2.87  21.0  118.0  2.80  2.69  0.39  1.82  4.32  …
```

3.1.3　常用数据库数据

1. 读取MySQL数据库数据

Python可以直接读取MySQL数据库，连接之前需要安装pymysql库。例如，统计汇总数据库orders表中2020年不同类型商品的销售额和利润额，示例代码如下：

```
#连接 MySQL 数据库
import pandas as pd
import pymysql

#读取 MySQL 数据
conn = pymysql.connect(host='127.0.0.1',port=3306,user='root',
password='Wren_2014',db='sales'charset='utf8')
  sql_num = "SELECT category,ROUND(SUM(sales/10000),2) as sales,
ROUND(SUM(profit/10000),2) as profit FROM orders where dt=2020 GROUP BY category"
  data = pd.read_sql(sql_num,conn)
  print(data)
```

在 JupyterLab 中运行上述代码，输出结果如下：

```
    category  sales  profit
0    办公用品   79.13   5.65
1      技术    78.35   4.11
2      家具    87.51   4.54
```

2. 读取SQL Server数据库数据

Python 可以直接读取 SQL Server 数据库数据，连接之前需要安装 pymssql 库。例如，查询数据库 orders 表中 2020 年利润额在 400 元以上的所有订单，示例代码如下：

```
#连接 SQL Server 数据库
import pandas as pd
```

```
import pymssql

#读取 SQL Server 数据
conn = pymssql.connect(host='127.0.0.1',user='sa',password='Wren2014',
database='sales',charset='utf8')
sql_num = "SELECT order_id,sales,profit FROM orders where dt=2020 and
profit>400"
data = pd.read_sql(sql_num,conn)
print(data)
```

在 JupyterLab 中运行上述代码，输出如下：

```
        order_id        sales      profit
0    CN-2020-100004    10514.03    472.33
1    CN-2020-100085     7341.60    479.14
2    CN-2020-100115     6668.90    472.64
3    CN-2020-100113    10326.40    408.29
4    CN-2020-100148     5556.60    486.06
..        ...           ...         ...
56   CN-2020-101326    11486.16    420.28
57   CN-2020-101365     7188.30    406.57
58   CN-2020-101370     8346.74    408.02
59   CN-2020-101471     7982.10    407.52
60   CN-2020-101509     6919.08    468.66

[61 rows x 3 columns]
```

3.2   数据的索引

索引是对数据中一列或多列的值进行排序的一种结构，使用索引可快速访问数据中的特定信息。本节将会介绍 Python 如何创建索引、重构索引、调整索引等，使用的数据文件为 "不同地区商品退单量 2.xls"。

3.2.1   创建与查看索引

在创建索引之前，我们首先创建一个不同地区商品退单量的数据集，示例代码如下：

```
import numpy as np
import pandas as pd
return = {'年份':['2019年','2019年','2019年','2020年','2020年','2020年'],'
地区':['华东', '华中', '东北', '华东', '华中', '东北'],'春季': [90,92,88,94,92,87],'
```

夏季': [91,85,89,92,88,82],'秋季': [89,98,85,82,85,95],'冬季': [96,90,83,85,99,80]}
return = pd.DataFrame(return)

运行上述代码，创建的数据集如下：

return

```
年份    地区   春季   夏季   秋季   冬季
0   2019 年  华东   90   91   89   96
1   2019 年  华中   92   85   98   90
2   2019 年  东北   88   89   85   83
3   2020 年  华东   94   92   82   85
4   2020 年  华中   92   88   85   99
5   2020 年  东北   87   82   95   80
```

使用 index 可以查看数据集的索引，默认是从 0 开始步长为 1 的数值索引，示例代码和输出如下：

return.index

RangeIndex(start=0, stop=6, step=1)

set_index()函数可以将其一列转换为行索引，示例代码和输出如下：

return1 = return.set_index(['地区'])
return1

```
地区    年份    春季   夏季   秋季   冬季
华东   2019 年   90   91   89   96
华中   2019 年   92   85   98   90
东北   2019 年   88   89   85   83
华东   2020 年   94   92   82   85
华中   2020 年   92   88   85   99
东北   2020 年   87   82   95   80
```

set_index()函数还可以将其多列转换为行索引，示例代码和输出如下：

return1 = return.set_index(['年份','地区'])
return1

```
年份     地区   春季   夏季   秋季   冬季
2019 年  华东   90   91   89   96
        华中   92   85   98   90
        东北   88   89   85   83
2020 年  华东   94   92   82   85
        华中   92   88   85   99
        东北   87   82   95   80
```

默认情况下，索引列字段会从数据集中移除，但是通过设置 drop 参数也可以将其保留下来，示例代码和输出如下：

```
return.set_index(['年份','地区'],drop=False)
```

年份	地区	年份	地区	春季	夏季	秋季	冬季
2019 年	华东	2019 年	华东	90	91	89	96
	华中	2019 年	华中	92	85	98	90
	东北	2019 年	东北	88	89	85	83
2020 年	华东	2020 年	华东	94	92	82	85
	华中	2020 年	华中	92	88	85	99
	东北	2020 年	东北	87	82	95	80

3.2.2　索引重构与恢复

reset_index()函数的功能跟 set_index()函数刚好相反，层次化索引的级别会被转移到数据集中的列里面，示例代码和输出如下：

```
return1.reset_index()
```

	年份	地区	春季	夏季	秋季	冬季
0	2019 年	华东	90	91	89	96
1	2019 年	华中	92	85	98	90
2	2019 年	东北	88	89	85	83
3	2020 年	华东	94	92	82	85
4	2020 年	华中	92	88	85	99
5	2020 年	东北	87	82	95	80

可以调用 unstack()方法对数据集进行重构，类似于 pivot()方法，不同之外在于 unstack()方法是针对索引或者标签，即将列索引转成最内层的行索引；而 pivot()方法则是针对列的值，即指定某列的值作为行索引，示例代码和输出如下：

```
return1.unstack()
```

	春季			夏季			秋季			冬季		
地区	东北	华中	华东	东北	华中	华东	东北	华中	华东	东北	华中	华东
年份												
2019 年	88	92	90	89	85	91	85	98	89	83	90	96
2020 年	87	92	94	82	88	92	95	85	82	80	99	85

此外，stack()方法是 unstack()方法的逆运算，示例代码和输出如下：

```
return1.unstack().stack()
```

年份	地区	春季	夏季	秋季	冬季
2019 年	东北	88	89	85	83

		华中	92	85	98	90
		华东	90	91	89	96
2020 年		东北	87	82	95	80
		华中	92	88	85	99
		华东	94	92	82	85

3.2.3　索引调整与排序

有时可能需要调整索引的顺序，swaplevel()接收两个层级的编号或名称，并返回一个互换了层级的新对象，例如对年份和地区的索引层级进行调整，示例代码和输出如下：

```
return1.swaplevel('年份','地区')
```

地区	年份	春季	夏季	秋季	冬季
华东	2019 年	90	91	89	96
华中	2019 年	92	85	98	90
东北	2019 年	88	89	85	83
华东	2020 年	94	92	82	85
华中	2020 年	92	88	85	99
东北	2020 年	87	82	95	80

sort_index()函数可以对数据进行排序，参数 level 设置需要排序的列，注意这里的列包含索引列，第一列是 0（"年份"列），第二列是 1（"地区"列），示例代码和输出如下：

```
return1.sort_index(level=1)
```

年份	地区	春季	夏季	秋季	冬季
2019 年	东北	88	89	85	83
2020 年	东北	87	82	95	80
2019 年	华中	92	85	98	90
2020 年	华中	92	88	85	99
2019 年	华东	90	91	89	96
2020 年	华东	94	92	82	85

3.3　数据的切片

在解决各种实际问题的过程中，经常会遇到从某个对象中提取部分数据的情况，切片操作可以完成这一任务。本节将会介绍 Python 如何提取多列数据、多行数据、某个区域的数据等，使用的数据文件为"不同地区商品退单量 1.xls"。

3.3.1 提取多列数据

在介绍数据切片之前，首先需要创建一个不同地区商品退单量的数据集，示例代码如下：

```
import numpy as np
import pandas as pd
return = {'春季': [90,91,87,92,95,85],'夏季': [91,85,89,92,88,82],'秋季':
[89,98,85,82,85,95],'冬季': [96,90,83,85,99,80]}
return = pd.DataFrame(return, index=['东北','华东','华中','华南','西南','西北'])
```

运行上述代码，创建的数据集如下：

```
return
```

	春季	夏季	秋季	冬季
东北	90	91	89	96
华东	91	85	98	90
华中	87	89	85	83
华南	92	92	82	85
西南	95	88	85	99
西北	85	82	95	80

可以提取某一列数据，示例代码和输出如下：

```
return['夏季']
```

```
东北      91
华东      85
华中      89
华南      92
西南      88
西北      82
Name: 夏季, dtype: int64
```

可以提取某几列连续和不连续的数据，例如两列数据，示例代码和输出如下：

```
return[['夏季','冬季']]
```

	夏季	冬季
东北	91	96
华东	85	90
华中	89	83
华南	92	85
西南	88	99
西北	82	80

3.3.2　提取多行数据

可以使用 loc 和 iloc 获取特定行的数据，其中 iloc()函数是通过行号获取数据的，而 loc()函数是通过行标签索引数据的，例如提取第 2 行数据（索引默认是从 0 开始的，所以 1 对应的是第 2 行），示例代码和输出如下：

```
return.iloc[1]
```

```
春季    91
夏季    85
秋季    98
冬季    90
Name: 华东, dtype: int64
```

也可以提取几行数据，注意行号也是从 0 开始的，区间是左闭右开，例如提取第三行到第五行的数据，示例代码和输出如下：

```
return.iloc[2:5]
```

```
      春季  夏季  秋季  冬季
华中    87   89   85   83
华南    92   92   82   85
西南    95   88   85   99
```

如果不指定 iloc 的行索引的初始值，默认从 0 开始，即第 1 行，示例代码和输出如下：

```
return.iloc[:3]
```

```
      春季  夏季  秋季  冬季
东北    90   91   89   96
华东    91   85   98   90
华中    87   89   85   83
```

```
return[:3]
```

```
      春季  夏季  秋季  冬季
东北    90   91   89   96
华东    91   85   98   90
华中    87   89   85   83
```

3.3.3　提取区域数据

iloc()函数还可用于提取指定区域的数据，例如提取第三行到第五行、第二列到第四列的数据，示例代码和输出如下：

```
return.iloc[2:5,1:3]
```

	夏季	秋季
华中	89	85
华南	92	82
西南	88	85

此外，如果不指定区域中列索引的初始值，那么从第一列开始，示例代码和输出如下：

```
return.iloc[2:5,:3]
```

	春季	夏季	秋季
华中	87	89	85
华南	92	92	82
西南	95	88	85

同理，如果不指定列索引的结束值，那么提取后面的所有列。

3.4 数据的聚合

数据的聚合指的是通过转换数据让每一个数组生成一个单一的数值。本节将介绍按指定列聚合、多字段分组聚合、自定义聚合等，使用的数据文件为"不同地区商品退单量 2.xls"。

3.4.1 指定列数据统计

在介绍 Pandas 数据聚合之前，先创建一个关于不同地区商品退单量的数据集，示例代码如下：

```
import numpy as np
import pandas as pd
return = {'地区':['东北', '华东', '华中', '东北', '华东', '华中'],'年份':
['2019年','2019年','2019年','2020年','2020年','2020年'],'春季':
[90,92,88,94,92,87],'夏季': [91,87,89,93,88,83],'秋季': [89,98,86,83,86,95],
'冬季': [96,91,83,85,96,80]}
return = pd.DataFrame(return)
return = return.set_index(['年份','地区'])
```

运行上述代码，创建的数据集如下：

```
return
```

年份	地区	春季	夏季	秋季	冬季
2019年	东北	90	91	89	96
	华东	92	87	98	91

```
          华中     88    89    86    83
2020 年    东北     94    93    83    85
          华东     92    88    86    96
          华中     87    83    95    80
```

可以使用 level 参数选项指定在某列上进行数据统计，例如统计最近两年的平均退单量，示例代码和输出如下：

```
return.mean(level='年份')

年份    春季   夏季   秋季   冬季
2019 年   90    89    91    90
2020 年   91    88    88    87
```

level 参数不仅可以使用列名称，还可以使用列索引号，例如统计不同地区的平均退单量，示例代码和输出如下：

```
return.mean(level=1)

地区     春季    夏季    秋季    冬季
东北     92.0   92.0   86.0   90.5
华东     92.0   87.5   92.0   93.5
华中     87.5   86.0   90.5   81.5
```

3.4.2　多字段分组统计

下面重新创建一个关于不同地区商品退单量的数据集，示例代码如下：

```
import numpy as np
import pandas as pd
return = {'地区':['华中','华东','华中','华东','华中','华东','华中','华东'],
'年份':['2019 年','2019 年','2020 年','2020 年','2019 年','2019 年','2020 年','2020 年'],
'春季': [90,92,88,94,92,87,82,91],'夏季': [91,87,82,91,89,93,88,83],
'秋季': [89,98,86,82,91,83,86,95]}
return = pd.DataFrame(return)
```

运行上述代码，创建的数据集如下：

```
return

地区    年份      春季   夏季   秋季
 0    华中   2019 年   90    91    89
 1    华东   2019 年   92    87    98
 2    华中   2020 年   88    82    86
 3    华东   2020 年   94    91    82
 4    华中   2019 年   92    89    91
 5    华东   2019 年   87    93    83
```

```
6   华中   2020 年   82   88   86
7   华东   2020 年   91   83   95
```

此外，groupby()函数可以实现对多个字段的分组统计，例如统计最近两年不同地区的平均退单量，示例代码和输出如下：

```
return.groupby([return['年份'],return['地区']]).mean()
```

```
年份      地区   春季    夏季    秋季
2019 年   华中   91.0   90.0   90.0
         华东   89.5   90.0   90.5
2020 年   华中   85.0   85.0   86.0
         华东   92.5   87.0   88.5
```

3.4.3　自定义聚合指标

在 Python 中，计算一些描述性统计指标通常是调用 describe()函数，例如个数、平均值、标准差、最小值和最大值等，示例代码和输出如下：

```
return.describe()
```

```
            春季          夏季          秋季
Count    8.000000     8.000000     8.000000
mean     89.500000    88.000000    88.750000
std      3.779645     3.891382     5.650537
min      82.000000    82.000000    82.000000
25%      87.750000    86.000000    85.250000
50%      90.500000    88.500000    87.500000
75%      92.000000    91.000000    92.000000
max      94.000000    93.000000    98.000000
```

但是，如果要使用自定义的聚合函数，只需将其传入 aggregate()或 agg()函数，例如这里定义的是 sum、mean、max、min，示例代码和输出如下：

```
return.groupby([return['年份'],return['地区']]).agg(['sum','mean','max',
'min'])
```

年份	地区	春季				夏季				秋季			
		sum	mean	max	min	sum	mean	max	min	sum	mean	max	min
2019 年	华中	182	91.0	92	90	180	90	91	89	180	90.0	91	89
	华东	179	89.5	92	87	180	90	93	87	181	90.5	98	83
2020 年	华中	170	85.0	88	82	170	85	88	82	172	86.0	86	86
	华东	185	92.5	94	91	174	87	91	83	177	88.5	95	82

3.5　小结与课后练习

本章要点

1. 介绍了数据分析的基础，如数据的读取、索引、切片、删除、排序、聚合、透视、合并。
2. 通过案例详细介绍了单个和多个工作簿文件的合并和拆分。

课后练习

实训 1：尝试读取本地客户表 customers.csv，注意文件的编码。

实训 2：使用小费数据集，通过调用 groupby()函数统计不同性别和是否吸烟客户的小费情况。

实训 3：尝试合并"10 月份员工考核"文件夹中的数据，每个工作簿都有两个工作表。

第4章

NumPy 数组操作

NumPy 是一个非常重要且常用的科学计算包，主要用于对多维数组的操作。在 Python 领域有很多与科学计算相关的包都或多或少地使用了 NumPy 包，NumPy 包是后续学习大数据、深度学习、人工智能等的基础。本章我们将介绍 NumPy 的基础知识和重要操作。

4.1 NumPy 索引与切片

NumPy 的索引与切片是 NumPy 库的重要概念，通过索引和切片我们可以取出一个数组中的部分数据。本节通过案例介绍数组的索引、布尔型索引、花式索引、数组的切片、设置切片步长。

4.1.1 数组的索引

在NumPy中，给出访问的位置，即可访问某位置上的数据值，位置信息也被称为索引，通过索引访问数组的某位置上的数据的语法格式如下：

numpy.ndarray 对象[位置]

这种通过索引的方式可以访问数组的某个元素的值。

例如，首先创建一个有 12 个元素的列表，示例代码和输出如下：

```
from numpy import *
a = arrange(12)
a

array([ 0,  1,  2,  3,  4,  5,  6,  7,  8,  9, 10, 11])
```

通过索引访问数组第 4 个位置上的数据，代码和输出如下：

```
a[3]

3
```

还可以给列表中的数值重新赋值，例如给第 4 个位置上的数据重新赋值为 99，示例代码和赋值后的输出如下：

```
a[3] = 99
a

array([ 0,  1,  2, 99,  4,  5,  6,  7,  8,  9, 10, 11])
```

然后，可以调用 NumPy 中的 reshape() 函数改变原来一维数组的维数，这里变成 2×2×3 维的多维数组，示例代码和输出如下：

```
b = a.reshape((2, 2, 3))
b

array([[[ 0,  1,  2],
        [99,  4,  5]],

       [[ 6,  7,  8],
        [ 9, 10, 11]]])
```

对于多维数组，如果要访问数组中 4 这个数值，就需要给出数组每个维数上的索引坐标，方法有以下两种：

```
print(b[0][1][1])
print(b[0,1,1])

4
4
```

4.1.2　布尔型索引

在使用布尔型索引前，首先需要通过比较运算得到一个布尔数组，然后根据布尔索引取出布尔值为 True 的行，布尔型数组的长度和索引数组的行数（轴长度）必须一致，示例代码如下：

```
import numpy as np

a = (np.arrange(12)).reshape(4,3)
print("数组 a")
print(a)

print("*" * 20)
b = np.array([1, 2, 1,3])
print("数组 b")
print(b)
```

```
print("*" * 20)
print("布尔索引后的数组")
a[b == 1]

数组 a
[[ 0  1  2]
 [ 3  4  5]
 [ 6  7  8]
 [ 9 10 11]]
********************
数组 b
[1 2 1 3]
********************
布尔索引后的数组
array([[0, 1, 2],
       [6, 7, 8]])
```

下面介绍布尔型索引的一个简单应用,就是将数组中小于 0 的数值替换成特定的数值,例如 0,示例代码和输出如下:

```
import numpy as np

#生成服从标准正态分布的数组
a = np.random.randn(4,4)
print("布尔索引前的数组")
print(a)

#将数组小于 0 的数值变为 0
a[a < 0] = 0
print("*" * 20)
print("布尔索引后的数组")
print(a)

布尔索引前的数组
[[-0.71443606 -0.85989707  2.12040215  0.00861967]
 [-0.07618172  0.67453769  0.04003544  0.47844053]
 [-0.6745646  -0.19840223  0.45991794  1.30711251]
 [ 0.9995992  -0.48401144 -0.9045725  -0.83686446]]
********************
布尔索引后的数组
[[0.         0.         2.12040215 0.00861967]
 [0.         0.67453769 0.04003544 0.47844053]
 [0.         0.         0.45991794 1.30711251]
 [0.9995992  0.         0.         0.        ]]
```

4.1.3 花式索引

花式索引指的是利用整数数组进行索引，首先创建一个服从标准正态分布的数组，示例代码如下：

```
import numpy as np
#生成 5×5 维的数组
a = np.random.randn(5,5)
print(a)

[[ 0.45781071  0.50833044 -0.38312352 -0.81367475 -0.93902624]
 [ 2.35221557 -1.70866595 -0.88364558 -0.8943139   1.24656635]
 [ 1.4353559   1.41996511  0.55319514  0.44001984 -0.2399192 ]
 [ 1.7644797   0.1563641  -1.28833275 -0.44868492  1.5937709 ]
 [ 0.88251915  0.28849314 -0.41038853  0.27043907 -0.59371321]]
```

下面依次按照第 3 行、第 4 行、第 5 行、第 2 行提取数据（注意默认索引是从 0 开始，所以索引 2 对应的是第 3 行，索引 3 对应的是第 4 行，索引 4 对应的是第 5 行，索引 1 对应的是第 2 行），示例代码和输出如下：

```
print(a[[2,3,4,1]])

[[ 1.4353559   1.41996511  0.55319514  0.44001984 -0.2399192 ]
 [ 1.7644797   0.1563641  -1.28833275 -0.44868492  1.5937709 ]
 [ 0.88251915  0.28849314 -0.41038853  0.27043907 -0.59371321]
 [ 2.35221557 -1.70866595 -0.88364558 -0.8943139   1.24656635]]
```

花式索引的结果与普通索引是一致的，只不过，花式索引简化了索引过程，而且实现了按一定的顺序排列。

此外，还可以使用负数进行索引，示例代码和输出如下：

```
print(a[[-2,-1,-4]])

[[ 1.7644797   0.1563641  -1.28833275 -0.44868492  1.5937709 ]
 [ 0.88251915  0.28849314 -0.41038853  0.27043907 -0.59371321]
 [ 2.35221557 -1.70866595 -0.88364558 -0.8943139   1.24656635]]
```

如果一次传入两个索引数组，就会返回一个一维数组，其中的元素对应各个索引元组，示例代码如下：

```
print(a[[1,3,2,4],[2,0,4,4]])

[-0.88364558  1.7644797  -0.2399192  -0.59371321]
```

对于多维数组，花式索引也是适用的，例如创建一个 3×3×3 维的数组，示例代码和输出如下：

```
import numpy as np

b = np.arrange(27).reshape(3,3,3)
print(b)

[[[ 0  1  2]
  [ 3  4  5]
  [ 6  7  8]]

 [[ 9 10 11]
  [12 13 14]
  [15 16 17]]

 [[18 19 20]
  [21 22 23]
  [24 25 26]]]
```

下面再传入多个索引数组，也会返回一个一维数组，示例代码和输出如下：

```
print(b[[1,2],[0,1],[2,2]])

[11 23]
```

4.1.4　数组的切片

数组的切片是指在一个数组中的一个步长值，取出指令起点到某终点的一组数据。在 NumPy 中，切片以一位数组为例展示其语法结构，如下所示：

数组名[起点:终点:步长]

切片含起点，不含终点值，从起点起向终点取数据，每个步长数据视为一组，通过切片取回的值是每组的第一个数据值构成的集合，这里是对 NumPy 的数组取切片，那么结果集也是数组。

为了更好地理解切片的概念，我们首先以二维数组为例进行介绍，例如创建一个 3×4 维的数组，示例代码如下：

```
from numpy import *
a = arrange(12)
b = a.reshape((3, 4))
print(b)

[[ 0  1  2  3]
 [ 4  5  6  7]
 [ 8  9 10 11]]
```

然后，提取第 2 行、第 3 行和第 2 列、第 3 列这个区域的数据，示例代码和输出如下：

```
print(b[1:,1:3])

[[ 5  6]
 [ 9 10]]
```

　　三维数组及三维以上多维数组的提取与二维数组的操作基本类似，例如提取三维数组中的部分数据，示例代码和输出如下：

```
from numpy import *
a = arrange(24)
#print(a)
b = a.reshape((2, 3, 4))
print(b)
print("*" * 30)
print(b[1,1:2,1:])

[[[ 0  1  2  3]
  [ 4  5  6  7]
  [ 8  9 10 11]]

 [[12 13 14 15]
  [16 17 18 19]
  [20 21 22 23]]]
******************************
[[17 18 19]]
```

4.1.5　设置切片步长

　　在使用切片的时候，可以自定义设置每隔多少取第一个数据（步长）。

　　下面以二维数组为例，例如提取第 2 行、第 3 行及第 2 列、第 4 列这组不连续区域的数据，示例代码和输出如下：

```
from numpy import *
a = arrange(12)
b = a.reshape((3, 4))
print(b)
print("*" * 30)
print(b[1: ,1::2])

[[ 0  1  2  3]
 [ 4  5  6  7]
 [ 8  9 10 11]]
******************************
[[ 5  7]
 [ 9 11]]
```

　　在上面的例子中，数组的行没有使用步长，实际默认步长为 1，对列设置的步长是 2。在下面的例子中，行和列都设置了步长为 2，示例代码和输出如下：

```
from numpy import *
a = arrange(24)
```

```
b = a.reshape((6, 4))
print(b)
print("*" * 20)
print(b[1::2 ,::2])

[[ 0  1  2  3]
 [ 4  5  6  7]
 [ 8  9 10 11]
 [12 13 14 15]
 [16 17 18 19]
 [20 21 22 23]]
* * * * * * * * * * * * * * * * * * * *
[[ 4  6]
 [12 14]
 [20 22]]
```

4.2　NumPy 维数变换

我们知道，数组有一维数组、二维数组等，在 NumPy 中可以改变数组的维度，有很多可以改变数组维数的函数，例如 reshape()函数、resize()函数等，尽管都能实现数组维数的变化，但是还是有一些差异，本节我们将通过案例详细介绍维数变换函数。

4.2.1　reshape()函数

要把某个维数的数组（向量）变为另一个维数的数组可以调用 reshape()函数，在 reshape()函数中以元组、列表给出变化后的形状数据，并不影响原数组，而是会生成一个新的多维数组。

例如，调用 reshape()函数生成一个 4×3 维的数组，示例代码和输出如下：

```
from numpy import *
a = arrange(12)
print(a)
b = a.reshape((4, 3))
print("*" * 40)
print(b)

[ 0  1  2  3  4  5  6  7  8  9 10 11]
* * * * * * * * * * * * * * * * * * * * * * * * * * * * * * * * * * *
[[ 0  1  2]
 [ 3  4  5]
 [ 6  7  8]
 [ 9 10 11]]
```

4.2.2　shape()函数

前一节介绍了调用 reshape()函数进行维数变换，原数组没有发生变化，但是在 NumPy 中，如果修改了数组的形状 shape 属性，那么就会改变原数组的维数，示例代码如下：

```
from numpy import *
a = arrange(12)
print("修改前的原数组")
print(a)
c = a
c.shape = (2, 6)
print("*" * 20)
print("修改后的新数组")
print(c)
print("*" * 20)
print("修改后的原数组")
print(a)
```

```
修改前的原数组
[ 0  1  2  3  4  5  6  7  8  9 10 11]
********************
修改后的新数组
[[ 0  1  2  3  4  5]
 [ 6  7  8  9 10 11]]
********************
修改后的原数组
[[ 0  1  2  3  4  5]
 [ 6  7  8  9 10 11]]
```

从执行结果可以看出，c 和 a 指向同一组数据，修改了 c 的 shape 也就影响了 a 的 shape。

如果不想修改原数组，则可以调用 NumPy 的 copy()函数，这样可以复制一份 a 的值给 c，而后修改 c 的 shape 就不会影响 a 的 shape，示例代码如下：

```
from numpy import *
a = arrange(12)
print("修改前的原数组")
print(a)
c = copy(a)
c.shape = (2, 6)
print("*" * 20)
print("修改后的新数组")
print(c)
print("*" * 20)
```

```
print("修改后的原数组")
print(a)

修改前的原数组
[ 0  1  2  3  4  5  6  7  8  9 10 11]
********************
修改后的新数组
[[ 0  1  2  3  4  5]
 [ 6  7  8  9 10 11]]
********************
修改后的原数组
[ 0  1  2  3  4  5  6  7  8  9 10 11]
```

4.2.3　resize()函数

类似于修改数组本身的 shape 属性来改变数组的维数，在 NumPy 中有个 resize()函数，它影响的也是数组本身，示例代码和输出如下：

```
from numpy import *
a = arrange(12)
print("修改前的原数组")
print(a)

a.shape = (2, 6)
print("*" * 20)
print("shape 函数修改后的原数组")
print(a)

b = a.resize([3, 4])
print("*" * 20)
print("resize 函数修改后的新数组")
print(b)

print("*" * 20)
print("resize 函数修改后的原数组")
print(a)

修改前的原数组
[ 0  1  2  3  4  5  6  7  8  9 10 11]
********************
shape 函数修改后的原数组
[[ 0  1  2  3  4  5]
 [ 6  7  8  9 10 11]]
********************
resize 函数修改后的新数组
None
```

```
********************
```
resize 函数修改后的原数组
```
[[ 0  1  2  3]
 [ 4  5  6  7]
 [ 8  9 10 11]]
```

可以看出，b 代表 resize()函数的返回值，不是将 a 改变维数后的新数组赋给 b，而是 resize()函数影响了 a 本身。

需要说明的是，这里调用的 resize()函数是 numpy.ndarray 下的 resize()函数，而不是 NumPy 的 resize()函数。

4.2.4　ravel()函数

NumPy 中的 ravel()函数可以将多维数组转换为一维数组，参数为{'C', 'F', 'A', 'K'}，默认情况下是'C'，即以行为主的顺序展开组中的各个元素，'F'表示以列为主的顺序展开数组中的各个元素，'A'表示如果数组在内存中是连续的，则类似于 Fortran 的顺序展开数组中的各个元素（即按列展开），否则按行展开，'K'按照元素在内存中出现的顺序展开数组中的各个元素。

注意，如果调用 ravel()函数，重新赋值后会改变原始数组的内容，示例代码和输出如下：

```
from numpy import *
a = np.arrange(6).reshape(2,3)
print("操作前的原数组")
print(a)

print("*" * 20)
print("按默认顺序输出")
print(a.ravel())

print("*" * 20)
print("按列的顺序输出")
print(a.ravel('F'))

a.ravel()[...] = 1
print("*" * 20)
print("原数组赋值后")
print(a)
```

```
操作前的原数组
[[0 1 2]
 [3 4 5]]
********************
按默认顺序输出
[0 1 2 3 4 5]
********************
```

按列的顺序输出
```
[0 3 1 4 2 5]
********************
```
原数组赋值后
```
[[1 1 1]
 [1 1 1]]
```

4.2.5 flatten()函数

NumPy 中的 flatten()函数与 ravel()函数类似，也可以将多维数组转换为一维数组，但是重新赋值不会影响原始数组，示例代码和输出如下：

```
from numpy import *
a = np.arrange(6).reshape(2,3)
print("操作前的原数组")
print(a)

print("*" * 20)
print("按默认顺序输出")
print(a.flatten())

print("*" * 20)
print("按列的顺序输出")
print(a.flatten('F'))

a.flatten()[...] = 1
print("*" * 20)
print("原数组再赋值后")
print(a)
```

操作前的原数组
```
[[0 1 2]
 [3 4 5]]
********************
```
按默认顺序输出
```
[0 1 2 3 4 5]
********************
```
按列的顺序输出
```
[0 3 1 4 2 5]
********************
```
原数组再赋值后
```
[[0 1 2]
 [3 4 5]]
```

4.3 NumPy 广播机制

广播是 NumPy 库中对不同形状的数组进行数值计算的方式，通常数组的算术运算是在相应的元素上进行。本节介绍广播、广播机制、广播机制变化过程、广播不兼容等相关内容。

4.3.1 广播

什么是广播？广播是对不同形状的数组进行数值计算的方式，例如 a 和 b 数组做加法或减法，那么 a 和 b 对应位置上的数据加、减后的计算值，作为这个位置上的数据，示例代码和输出如下：

```
from numpy import *
import numpy as np
a = np.arange(10,20).reshape([2, 5])
b = np.arange(22,32).reshape([2, 5])

print("原数组a")
print(a)

print("*" * 20)
print("原数组b")
print(b)

print("*" * 20)
print("数组a加数组b")
print(a + b)

print("*" * 20)
print("2*原数组a")
print(2 * a)

原数组a
[[10 11 12 13 14]
 [15 16 17 18 19]]
********************
原数组b
[[22 23 24 25 26]
 [27 28 29 30 31]]
********************
数组a加数组b
[[32 34 36 38 40]
 [42 44 46 48 50]]
```

```
********************
2*原数组 a
[[20 22 24 26 28]
 [30 32 34 36 38]]
```

这里的 a + b 运算中，a 和 b 具有相同的形状，都是(2, 5)，而语句 2 * a 的数 2 和数组 a 的形状是不同的，那么怎么才能正确计算并得到结果呢？这是因为对于不同形状的数组，NumPy 使用了广播机制来预处理表达式中的数组，使其最终可以实现广播计算。注意，这里广播和广播机制是两个概念。

4.3.2 广播机制

广播机制是 NumPy 让两个不同形状的数组能够做一些运算，需要对参与运算的两个数组进行一些处理或者说扩展，最终使参与运算的两个数组的形状一样，然后通过广播计算（对应位置数据进行某运算）得到结果。

广播时需要对两个数组进行广播机制处理，不是所有情况下两个数组都能进行广播机制处理，要求两个数组满足广播兼容。首先判断两个数组能否进行广播机制处理，成为同型的数组，然后进行广播。

广播机制的规则是：比较两个数组的形状，从尾部开始一一比对。

（1）如果两个数组的维数相同，对应位置上轴的长度相同或其中一个轴的长度为 1，广播兼容，那么可以在长度为 1 的轴上进行广播机制处理。

（2）如果两个数组的维数不同，那么给低维数的数组前扩展提升一维，扩展维的轴长度为 1，然后在扩展出的维数上进行广播机制处理。

示例代码和输出如下：

```
from numpy import *
import numpy as np
a = np.arange(1, 16).reshape([3, 5])
print("原数组 a")
print(a)
print(a.shape, a.ndim)
b = array([2, 3, 4, 5, 6])
print("*" * 20)
print("原数组 b")
print(b)
print(b.shape, b.ndim)

print("*" * 20)
print("数组 a 加数组 b")
print(a + b)
```

```
原数组 a
[[ 1  2  3  4  5]
 [ 6  7  8  9 10]
 [11 12 13 14 15]]
(3, 5) 2
********************
原数组 b
[2 3 4 5 6]
(5,) 1
********************
数组 a 加数组 b
[[ 3  5  7  9 11]
 [ 8 10 12 14 16]
 [13 15 17 19 21]]
```

这里 a 数组的维数是 2，即二维数组(3, 5)，b 是一维数组(5,)，判断一下是否广播兼容。b 的最后一维的轴长度为 5，a 的最后一维的轴长度为 5，满足从后向前开始对应的长度相同规则。两个数组的维数不同，一个是二维，另一个是一维，那么对 b 前扩展，增加维数变为(1,5)，成为二维数组，此时 a 和 b 都是二维数组，维数相同。增维后的 b 倒数第二维的轴长度是 1，a 倒数第二维的轴长度为 3，满足维数相同，其中某个轴的长度为 1 的兼容规则，继续进行广播机制处理，将 b 倒数第二维的轴长度继续加 1，直至变为和 a 数组倒数第二维的轴长度相同，这时 b 的形状经过不断地调整（广播机制）变为(3, 5)，和 a 的形状相同，就可以进行广播计算了。每次对 b 的倒数第二维的轴长度加 1，实际上是复制增加一行。

4.3.3　广播机制变化过程

下面详细介绍语句 2*a 的广播机制过程，示例代码和输出如下：

```
from numpy import *
import numpy as np

a = np.arange(0,10)
print("原数组 a")
print(a)
print(a.shape, a.ndim)

a = a.reshape([2, 5])
print("*" * 20)
print("修改后的数组 a")
print(a)
print(a.shape, a.ndim)

print("*" * 20)
print("2*数组 a")
```

```
print(2 * a)

原数组 a
[0 1 2 3 4 5 6 7 8 9]
(10,) 1
********************
修改后的数组 a
[[0 1 2 3 4]
 [5 6 7 8 9]]
(2, 5) 2
********************
2*数组 a
[[ 0  2  4  6  8]
 [10 12 14 16 18]]
```

这里 a 的形状是(2, 5)，而语句 2*a 参与计算的一个是数，另一个是数组，数可以看成(0,)数组，那么语句的广播机制处理过程如下：

（1）数 2 先变成数组[2]，形状为(1,)。

（2）[2]和 a 数组的广播兼容判断，[2]的形状是(1,)，a 的形状是(2,5)，维数不同，一个是一维数组，另一个是二维数组。

（3）[2]变化成[2 2 2 2 2]，先保证两个数组最后一维的长度相等，这时的形状为(5,)，此时参与运算的两个数组最后一个维数上的长度相同。

（4）判断倒数第二轴是否广播兼容，[2 2 2 2 2]的形状是(5,)，而 a 的形状是(2, 5)，两个数组维数不同，对[2 2 2 2 2]进行前扩展，增维变为(1, 5)，即[[2 2 2 2 2]]。

（5）[[2 2 2 2 2]]的形状是(1, 5)，而 a 的形状是(2, 5)，此时再对[[2 2 2 2 2]]进行广播扩展，变为[[2 2 2 2 2],[2 2 2 2 2]]。

（6）[[2 2 2 2 2],[2 2 2 2 2]]的形状变为(2, 5)，与数组 a 同型，这样就可以进行广播计算了，得到最终结果。

4.3.4　广播不兼容

上述的示例都是广播能够兼容的，能对两个数组进行广播机制处理，然后进行广播计算。现实程序里会出现两个数组不能进行广播机制处理，即不能进行广播计算的情况。下面来分析一下不兼容的情况示例，从而更好地理解广播机制。

```
from numpy import *
import numpy as np

a = np.arange(1, 9).reshape((2, 4))
print("*" * 20)
print("数组 a")
```

```
print(a)

x = np.arange(4, 6).reshape((1, 2))
print("*" * 20)
print("数组 x")
print(x)

b = x.reshape((2, 1))
print("*" * 20)
print("数组 b")
print(b)

print("*" * 20)
print("数组 a 加数组 b")
print(a + b)

c = x.reshape((1, 2))
print("*" * 20)
print("数组 c")
print(c)

print("*" * 20)
print("数组 a 加数组 c")
print(a + c, "# a + c")

********************
数组 a
[[1 2 3 4]
 [5 6 7 8]]
********************
数组 x
[[4 5]]
********************
数组 b
[[4]
 [5]]
********************
数组 a 加数组 b
[[ 5  6  7  8]
 [10 11 12 13]]
********************
数组 c
[[4 5]]
********************
数组 a 加数组 c
```

```
--------------------------------------------------------------------------
ValueError                                Traceback (most recent call last)
<ipython-input-66-59be2bbcbd9a> in <module>
    28 print("*" * 20)
    29 print("数组 a 加数组 c")
---> 30 print(a + c, "# a + c")

ValueError: operands could not be broadcast together with shapes (2,4) (1,2)
```

从程序执行结果可以看出，a + b 被执行了广播机制处理，a 和 b 形状不同，但能进行加法求和，而 a + c 报错 ValueError: operands could not be broadcast together with shapes (2,4) (1,2)，提示不能执行广播机制处理。

4.4　NumPy 矩阵运算

　　NumPy 函数库中存在两种不同的数据类型，即矩阵 Matrix 和数组 Array，他们都可以用于处理行列表示的数字元素。本节介绍矩阵的基础知识，以及 NumPy 中矩阵的乘法、内积和外积。

4.4.1　矩阵概述

　　为了更好地理解和学习基于 NumPy 的矩阵运算，下面首先介绍矩阵的基本知识，设有 mn 个数 a_{ij} $(i=1,2,\cdots,m; j=1,2,\cdots,n)$，排成 m 行 n 列的数表。

$$
\begin{matrix}
a_{11} & a_{12} & \cdots & a_{1n} \\
a_{21} & a_{22} & \cdots & a_{2n} \\
\vdots & \vdots & & \vdots \\
a_{m1} & a_{m2} & \cdots & a_{mn}
\end{matrix}
$$

用括号将其括起来，称为 $m \times n$ 矩阵，并用大写字母表示，即：

$$
A = \begin{bmatrix}
a_{11} & a_{12} & \cdots & a_{1n} \\
a_{21} & a_{22} & \cdots & a_{2n} \\
\vdots & \vdots & & \vdots \\
a_{m1} & a_{m2} & \cdots & a_{mn}
\end{bmatrix}
$$

简记为 $A = (a_{ij})_{m \times n}$。

（1）a_{ij}：称为 A 的 i 行 j 列的元素。　　　　（4）$m = n$：称 A 为方阵。

（2）$a_{ij} \in \mathbf{R}$：称 A 为实矩阵。　　　　　　（5）$m = 1, n > 1$：称 A 为行矩阵。

（3）$a_{ij} \in \mathbf{C}$：称 A 为复矩阵。　　　　　　（6）$m > 1, n = 1$：称 A 为列矩阵。

矩阵相等：设 $A = (a_{ij})_{m \times n}$，$B = (b_{ij})_{m \times n}$，若 $a_{ij} = b_{ij}(i = 1, 2, \cdots, m; j = 1, 2, \cdots, n)$，则 $A = B$。

1. 线性运算

$$A = (a_{ij})_{m \times n}, \quad B = (b_{ij})_{m \times n}$$

加法：

$$A + B = (a_{ij} + b_{ij})_{m \times n} = \begin{bmatrix} a_{11} + b_{11} & \cdots & a_{1n} + b_{1n} \\ \vdots & & \vdots \\ a_{m1} + b_{m1} & \cdots & a_{mn} + b_{mn} \end{bmatrix}$$

数乘：

$$kA = (ka_{ij})_{m \times n} = \begin{bmatrix} ka_{11} & \cdots & ka_{1n} \\ \vdots & & \vdots \\ ka_{m1} & \cdots & ka_{mn} \end{bmatrix}$$

减法：

$$A - B = (a_{ij} - b_{ij})_{m \times n} = \begin{bmatrix} a_{11} - b_{11} & \cdots & a_{1n} - b_{1n} \\ \vdots & & \vdots \\ a_{m1} - b_{m1} & \cdots & a_{mn} - b_{mn} \end{bmatrix}$$

2. 矩阵乘法

特殊情形：

$$P_{1 \times n} = \begin{bmatrix} p_1 & p_2 & \cdots & p_n \end{bmatrix}, \quad Q_{n \times 1} = \begin{bmatrix} q_1 \\ q_2 \\ \vdots \\ q_n \end{bmatrix}$$

一般情形：

$$PQ \stackrel{\Delta}{=} p_1 q_1 + p_2 q_2 + \cdots + p_n q_n$$
$$A = (a_{ij})_{m \times s}, \quad B = (b_{ij})_{s \times n}$$

$$c_{ij} = \begin{bmatrix} a_{i1} & a_{i2} & \cdots & a_{is} \end{bmatrix} \begin{bmatrix} b_{1j} \\ b_{2j} \\ \vdots \\ b_{sj} \end{bmatrix} = a_{i1} b_{1j} + a_{i2} b_{2j} + \cdots + a_{is} b_{sj}$$

$$AB \stackrel{\Delta}{=} \begin{bmatrix} a_{11} & \cdots & a_{1s} \\ \vdots & & \vdots \\ a_{m1} & \cdots & a_{ms} \end{bmatrix} \begin{bmatrix} b_{11} & \cdots & b_{1n} \\ \vdots & & \vdots \\ b_{s1} & \cdots & b_{sn} \end{bmatrix} = \begin{bmatrix} c_{11} & \cdots & c_{1n} \\ \vdots & & \vdots \\ c_{m1} & \cdots & c_{mn} \end{bmatrix}$$

注意　A 的列数 $=B$ 的行数，AB 的行数 $=A$ 的行数，AB 的列数 $=B$ 的列数，A 与 B 的先后次序不能改变。

3. 矩阵的转置

$$A = \begin{bmatrix} a_{11} & a_{12} & \cdots & a_{1n} \\ a_{21} & a_{22} & \cdots & a_{2n} \\ \vdots & \vdots & & \vdots \\ a_{m1} & a_{m2} & \cdots & a_{mn} \end{bmatrix}, \quad A^T = \begin{bmatrix} a_{11} & a_{21} & \cdots & a_{m1} \\ a_{12} & a_{22} & \cdots & a_{m2} \\ \vdots & \vdots & & \vdots \\ a_{1n} & a_{2n} & \cdots & a_{mn} \end{bmatrix}$$

4.4.2　矩阵的乘法

在 NumPy 中有很多函数可以实现矩阵的乘法计算，调用 matmul()函数来实现两个矩阵的乘法计算。注意两个矩阵能相乘的前提是 A 的列等于 B 的行。

```
import numpy as np
a = np.arrange(2, 8).reshape([2, 3])
b = np.arrange(3, 9).reshape([3, 2])
print("矩阵乘法")
print(np.matmul(a, b))
```

```
矩阵乘法
[[ 49  58]
 [ 94 112]]
```

NumPy 中的 dot()函数也可以对二维及以上的矩阵进行矩阵乘法运算。

```
import numpy as np
a = np.arrange(2, 8).reshape([2, 3])
b = np.arrange(3, 12).reshape([3, 3])
print("matmul 函数矩阵乘法")
print(np.matmul(a, b))

print("*" * 20)
print("dot 函数矩阵乘法")
print(np.dot(a, b))
```

```
matmul 函数矩阵乘法
[[ 60  69  78]
 [114 132 150]]
********************
dot 函数矩阵乘法
[[ 60  69  78]
 [114 132 150]]
```

4.4.3　矩阵的内积

调用NumPy中的inner()函数也能实现矩阵的乘法计算，语句为np.inner(a, b)，先将矩阵b转置，然后进行矩阵乘法计算,多维矩阵a和b的内积（inner）等价于第一个矩阵a乘以第二个矩阵b的转置。

一个行向量乘以一个列向量称作向量的内积，又叫作点积，计算结果是一个数。

inner()函数要求形参中的第一个矩阵 a 和形参中的第二个矩阵 b 的转置满足矩阵乘法的要求，即 a 的列等于 b 的行。

```python
import numpy as np
a = np.arange(1, 7).reshape([2, 3])
b = np.arange(1, 4).reshape([3, 1])
print("矩阵 a")
print(a)

print("*" * 20)
print("矩阵 b")
print(b)

print("*" * 20)
print("调整矩阵 b")
b = np.arange(1, 4).reshape([1, 3])
print(b)

print("*" * 20)
print("矩阵 a 和 b 内积")
print(np.inner(a, b))
```

```
矩阵 a
[[1 2 3]
 [4 5 6]]
********************
矩阵 b
[[1]
 [2]
 [3]]
********************
调整矩阵 b
[[1 2 3]]
********************
矩阵 a 和 b 内积
[[14]
 [32]]
```

注意，调用 inner()其矩阵 b 的形状是(1, 3)，而调用 dot()其矩阵 b 的形状是(3, 1)。

4.4.4　矩阵的外积

一个列向量乘以一个行向量称作向量的外积，外积是一种特殊的克罗内克积，结果是一个矩阵。与 inner()方法相比，outer()方法相当于将第一个矩阵转置再乘以第二个矩阵，示例代码和输出如下：

```
import numpy as np
a = np.arrange(1, 5)
b = np.arrange(2, 5)

print("矩阵 a")
print(a)

print("矩阵 b")
print(b)

print("矩阵 a 和 b 外积")
print(np.outer(a, b))

矩阵 a
[1 2 3 4]
矩阵 b
[2 3 4]
矩阵 a 和 b 外积
[[ 2  3  4]
 [ 4  6  8]
 [ 6  9 12]
 [ 8 12 16]]
```

下面调用 matmul()函数实现矩阵乘法的外积，示例代码和输出如下：

```
import numpy as np
a = np.arrange(1, 5).reshape((4, 1))
b = np.arrange(2, 5).reshape((1, 3))

print("矩阵 a")
print(a)

print("矩阵 b")
print(b)

print("matmul 函数矩阵乘法")
print(np.matmul(a, b))

矩阵 a
[[1]
 [2]
 [3]
 [4]]
```

```
矩阵 b
[[2 3 4]]
matmul 函数矩阵乘法
[[ 2  3  4]
 [ 4  6  8]
 [ 6  9 12]
 [ 8 12 16]]
```

可以看出这个示例代码的计算结果与前一个调用 outer() 计算矩阵外积的计算结果一样。

4.5　小结与课后练习

本章要点

1. 通过示例代码详细介绍了 NumPy 包的索引与切片。

2. 介绍了 NumPy 包中 5 个常用的维数变换函数及差异。

3. 通过示例代码介绍了 NumPy 包中的广播及广播机制。

4. 介绍了矩阵及矩阵运算，包括矩阵的内积和外积等。

课后练习

练习 1：创建一个长度为 10 的随机向量，并求该向量的平均值。

练习 2：创建一个 6×6 的矩阵，且把 1～5 的值设置在其对角线上。

练习 3：创建一个 8×8 的国际象棋棋盘矩阵，黑块为 0，白块为 1。

第 5 章

Pandas 数据清洗

在真实数据中可能包含大量的重复值、缺失值、异常值，这样的数据非常不利于后续分析，因此我们需要对各种"脏数据"进行相应的处理，得到"干净"的数据。本章将介绍如何利用 Python 库 Pandas 进行数据预处理，包括重复值、缺失值、异常值的处理等。

5.1 重复值检测与处理

在企业运营过程中，重复数据可能意味着重大运营规则问题，尤其当这些重复值出现在与企业经营等相关的业务场景时，例如重复的订单、重复的充值、重复的出库申请等。本节通过案例介绍重复值的检测与处理方法。

5.1.1 重复值的检测

在介绍用 Pandas 进行重复数据的处理之前，首先创建 2020 年 4 个季度不同地区商品退单量的数据集，示例代码如下：

```
import numpy as np
import pandas as pd
return = {'春季': [90,87,90,90,92,90],'夏季': [91,89,91,91,88,82],'秋季':
[89,85,89,82,85,95],'冬季': [96,83,96,85,99,80]}
return = pd.DataFrame(return, index=['东北', '华东', '东北', '华中', '华南','
西南'])
```

运行上述代码，创建的数据集如下：

```
return
```

	春季	夏季	秋季	冬季
东北	90	91	89	96
华东	87	89	85	83
东北	90	91	89	96
华中	90	91	82	85
华南	92	88	85	99
西南	90	82	95	80

索引的 is_unique 属性可以告诉我们这些数据的值是不是唯一的，示例代码和输出如下：

```
return.index.is_unique
```

```
False
```

判断重复数据记录，DataFrame 的 duplicated()方法返回一个布尔型 Series，表示各行是不是重复行，示例代码和输出如下：

```
return.duplicated()
```

```
东北    False
华东    False
东北    True
华中    False
华南    False
西南    False
dtype: bool
```

5.1.2　重复值的处理

下面我们删除数据集中数值相同的记录，示例代码和输出如下：

```
return.drop_duplicates()
```

	春季	夏季	秋季	冬季
东北	90	91	89	96
华东	87	89	85	83
华中	90	91	82	85
华南	92	88	85	99
西南	90	82	95	80

默认会判断全部列，也可以指定某一列或几列。例如，我们要删除数据记录中某列的数值相同的记录，示例代码和输出如下：

```
return.drop_duplicates(['春季'])
```

	春季	夏季	秋季	冬季
东北	90	91	89	96
华东	87	89	85	83
华南	92	88	85	99

要删除数据记录中某几列的数值相同的记录，示例代码和输出如下：

```
return.drop_duplicates(['春季','夏季'])
```

	春季	夏季	秋季	冬季
东北	90	91	89	96
华东	87	89	85	83
华南	92	88	85	99
西南	90	82	95	80

duplicated()函数和 drop_duplicates()函数默认保留的是第一次出现的值，但是也可以设置参数 keep='last'，这样就会保留最后一次出现的值，示例代码和输出如下：

```
return.duplicated(keep='last')
```

```
东北      True
华东      False
东北      False
华中      False
华南      False
西南      False
dtype: bool
return.drop_duplicates(['春季'], keep='last')
```

	春季	夏季	秋季	冬季
华东	87	89	85	83
华南	92	88	85	99
西南	90	82	95	80

5.2　缺失值检测与处理

数据缺失常发生在数据的采集、运输、存储等过程中，例如存在一些数据无法获取或者人工操作不当而丢失的情况，在数据传输、存储等转移过程中也可能出现丢失。本节通过案例介绍缺失值的检测与处理方法。

5.2.1　缺失值的检测

对于数值数据，Pandas 使用浮点值 NaN（Not a Number）来表示缺失数据。

在介绍 Pandas 缺失值的处理之前，首先创建一个不同地区商品退单量的数据集，示例代码如下：

```
import numpy as np
import pandas as pd
return = {'春季': [90,87,None,None,90,90],'夏季': [91,89,None,91,88,82],
'秋季': [89,None,None,82,85,95],'冬季': [96,83,None,85,99,80]}
return = pd.DataFrame(return, index=['东北', '华东', '华中', '华南','西南',
'西北'])
```

运行上述代码，创建的数据集如下：

```
return
```

	春季	夏季	秋季	冬季
东北	90.0	91.0	89.0	96.0
华东	87.0	89.0	NaN	83.0
华中	NaN	NaN	NaN	NaN
华南	NaN	91.0	82.0	85.0
西南	90.0	88.0	85.0	99.0
西北	90.0	82.0	95.0	80.0

调用 isnull() 函数判断是不是缺失值，示例代码和输出如下：

```
return.isnull()
```

	春季	夏季	秋季	冬季
东北	False	False	False	False
华东	False	False	True	False
华中	True	True	True	True
华南	True	False	False	False
西南	False	False	False	False
西北	False	False	False	False

5.2.2　缺失值的处理

在 DataFrame 中，通常调用 dropna() 函数默认丢弃任何含有缺失值的行，示例代码和输出如下：

```
return.dropna()
```

	春季	夏季	秋季	冬季
东北	90.0	91.0	89.0	96.0

	春季	夏季	秋季	冬季
西南	90.0	88.0	85.0	99.0
西北	90.0	82.0	95.0	80.0

设置参数 how='all'将只丢弃全为 NA 的那些行，示例代码和输出如下：

```
return.dropna(how='all')
```

	春季	夏季	秋季	冬季
东北	90.0	91.0	89.0	96.0
华东	87.0	89.0	NaN	83.0
华南	NaN	91.0	82.0	85.0
西南	90.0	88.0	85.0	99.0
西北	90.0	82.0	95.0	80.0

如果想留下一部分缺失值数据，可以使用 thresh 参数设置每一行非空数值的最小个数，示例代码和输出如下：

```
return.dropna(thresh = 3)
```

	春季	夏季	秋季	冬季
东北	90.0	91.0	89.0	96.0
华东	87.0	89.0	NaN	83.0
华南	NaN	91.0	82.0	85.0
西南	90.0	88.0	85.0	99.0
西北	90.0	82.0	95.0	80.0

为了演示如何处理列的缺失值，我们先增加一列空值数据和一列非空值数据，示例代码和输出如下：

```
return['列1'] = np.nan
return['列2'] = [92,96,86,88,82,90]
return
```

	春季	夏季	秋季	冬季	列1	列2
东北	90.0	91.0	89.0	96.0	NaN	92
华东	87.0	89.0	NaN	83.0	NaN	96
华中	NaN	NaN	NaN	NaN	NaN	86
华南	NaN	91.0	82.0	85.0	NaN	88
西南	90.0	88.0	85.0	99.0	NaN	82
西北	90.0	82.0	95.0	80.0	NaN	90

如果对列数据进行缺失值的操作，可以设置参数 axis=1，列中数值只要存在空值就删除该列，示例代码和输出如下：

```
return.dropna(axis=1)
```

```
            列 2
东北      92
华东      96
华中      86
华南      88
西南      82
西北      90
```

可以设置参数 how='all'删除列中数值全为空值的列，示例代码和输出如下：

```
return.dropna(axis=1, how='all')
```

	春季	夏季	秋季	冬季	列 2
东北	90.0	91.0	89.0	96.0	92
华东	87.0	89.0	NaN	83.0	96
华中	NaN	NaN	NaN	NaN	86
华南	NaN	91.0	82.0	85.0	88
西南	90.0	88.0	85.0	99.0	82
西北	90.0	82.0	95.0	80.0	90

如果不想滤除缺失数据，而是希望通过其他方式填补，一般调用 fillna()方法。通过调用 fillna()方法就会将缺失值替换为指定的常数值，例如 85，示例代码和输出如下：

```
return.fillna(85)
```

	春季	夏季	秋季	冬季	列 1	列 2
东北	90.0	91.0	89.0	96.0	85.0	92
华东	87.0	89.0	85.0	83.0	85.0	96
华中	85.0	85.0	85.0	85.0	85.0	86
华南	85.0	91.0	82.0	85.0	85.0	88
西南	90.0	88.0	85.0	99.0	85.0	82
西北	90.0	82.0	95.0	80.0	85.0	90

可以通过 fillna()方法调用一个字典，实现对不同的列填充不同的值，示例代码和输出如下：

```
return.fillna({'春季':80,'夏季':81,'秋季':82,'冬季':83})
```

	春季	夏季	秋季	冬季	列 1	列 2
东北	90.0	91.0	89.0	96.0	NaN	92
华东	87.0	89.0	82.0	83.0	NaN	96
华中	80.0	81.0	82.0	83.0	NaN	86
华南	80.0	91.0	82.0	85.0	NaN	88
西南	90.0	88.0	85.0	99.0	NaN	82
西北	90.0	82.0	95.0	80.0	NaN	90

可以设置参数 method='ffill' 以向下填充数据，示例代码和输出如下：

```
return.fillna(method='ffill')
```

	春季	夏季	秋季	冬季	列1	列2
东北	90.0	91.0	89.0	96.0	NaN	92
华东	87.0	89.0	89.0	83.0	NaN	96
华中	87.0	89.0	89.0	83.0	NaN	86
华南	87.0	91.0	82.0	85.0	NaN	88
西南	90.0	88.0	85.0	99.0	NaN	82
西北	90.0	82.0	95.0	80.0	NaN	90

可以设置参数 method='bfill' 以向上填充数据，示例代码和输出如下：

```
return.fillna(method='bfill')
```

	春季	夏季	秋季	冬季	列1	列2
东北	90.0	91.0	89.0	96.0	NaN	92
华东	87.0	89.0	82.0	83.0	NaN	96
华中	90.0	91.0	82.0	85.0	NaN	86
华南	90.0	91.0	82.0	85.0	NaN	88
西南	90.0	88.0	85.0	99.0	NaN	82
西北	90.0	82.0	95.0	80.0	NaN	90

还可以使用非空数值的均值以及最大值、最小值等填充缺失值，例如使用缺失值所在列的平均值填充该列的缺失值，示例代码和输出如下：

```
return.fillna(np.mean(return))
```

	春季	夏季	秋季	冬季	列1	列2
东北	90.00	91.0	89.00	96.0	NaN	92
华东	87.00	89.0	87.75	83.0	NaN	96
华中	89.25	88.2	87.75	88.6	NaN	86
华南	89.25	91.0	82.00	85.0	NaN	88
西南	90.00	88.0	85.00	99.0	NaN	82
西北	90.00	82.0	95.00	80.0	NaN	90

5.3 异常值检测与处理

异常值是处于特定分布区域或范围之外的数据，产生数据"噪音"的原因很多，例如业务运营操作、数据采集问题、数据同步问题等，对异常数据进行处理之前，需要先辨别出到底哪些是真正的异常。本节通过案例介绍异常值的检测与处理方法。

5.3.1　异常值的检测

异常值也称为离群点，就是那些远离绝大多数样本点的特殊群体，通常这样的数据点在数据集中都表现出不合理的特性。如果忽视这些异常值，在某些建模场景下就会导致结论的错误。

在介绍 Pandas 异常值的处理之前，首先创建一个不同地区商品满意度的数据集，示例代码如下：

```
import numpy as np
import pandas as pd
return = {'春季': [90,67,90,86,59,92],'夏季': [91,93,86,91,108,82],'秋季':
[89,90,86,82,85,95],'冬季': [96,83,56,105,0,108]}
return = pd.DataFrame(return, index=['东北', '华东', '华中', '华南','西南','西北'])
```

运行上述代码，创建的数据集如下：

```
return
```

	春季	夏季	秋季	冬季
东北	90	91	89	96
华东	67	93	90	83
华中	90	86	86	56
华南	86	91	82	105
西南	59	108	85	0
西北	92	82	95	108

由于这里客户的满意度是百分制，因此超过 100 分的就可以认为是异常值，例如查找冬季（第 4 季度）的异常值，示例代码和输出如下：

```
return[return['冬季']>100]
```

	春季	夏季	秋季	冬季
华南	86	91	82	105
西北	92	82	95	108

还可以查找 4 个季度中只有一个成绩不符合条件的记录，示例代码和输出如下：

```
return[(return > 100).any(1)]
```

	春季	夏季	秋季	冬季
华南	86	91	82	105
西南	59	108	85	0
西北	92	82	95	108

5.3.2 异常值的处理

可以调用 replace()函数替换异常值，例如这里使用 NaN 替换 0，示例代码和输出如下：

```
return.replace(0, np.nan)
```

	春季	夏季	秋季	冬季
东北	90	91	89	96.0
华东	67	93	90	83.0
华中	90	86	86	56.0
华南	86	91	82	105.0
西南	59	108	85	NaN
西北	92	82	95	108.0

如果希望一次替换多个值，可以设置一个由需要替换的数值组成的列表以及一个替换值，例如这里使用 NaN 替换 0、105 和 108，示例代码和输出如下：

```
return.replace([0,105,108], np.nan)
```

	春季	夏季	秋季	冬季
东北	90	91.0	89	96.0
华东	67	93.0	90	83.0
华中	90	86.0	86	56.0
华南	86	91.0	82	NaN
西南	59	NaN	85	NaN
西北	92	82.0	95	NaN

还可以传入一个替换列表让每个值有不同的替换值，例如使用 NaN 替换 0，用 100 替换 105 和 108，示例代码和输出如下：

```
return.replace([0,105,108], [np.nan,100,100])
```

	春季	夏季	秋季	冬季
东北	90.0	91.0	89.0	96.0
华东	67.0	93.0	90.0	83.0
华中	90.0	86.0	86.0	56.0
华南	86.0	91.0	82.0	100.0
西南	59.0	100.0	85.0	NaN
西北	92.0	82.0	95.0	100.0

传入的参数也可以是字典，0 可能是数据缺失导致的，示例代码和输出如下：

```
return.replace({0:'缺失',105:100,108:100})
```

	春季	夏季	秋季	冬季
东北	90	91	89	96
华东	67	93	90	83

华中	90	86	86	56
华南	86	91	82	100
西南	59	100	85	缺失
西北	92	82	95	100

5.4　金融数据的处理实战

随着信息技术和金融行业的发展，金融数据越来越多，每天都有海量的数据等待处理，但是从庞杂的数据中提取出有效信息并利用，并非易事，金融数据的随机性和复杂性，以及数据背后隐藏的规律更难于被发现，加大了处理难度。本节介绍如何使用 Pandas 库对金融数据进行处理。

5.4.1　读取上证指数数据

Pandas 提供了专门从财经网站获取金融时间序列数据的 API 接口，可作为量化交易股票数据获取的另一种途径，该接口在 urllib3 库的基础上实现了以客户端身份访问网站的股票数据。

pandas-datareader 包中的 pandas_datareader.data.DataReader()函数可以根据输入的证券代码、起始日期和终止日期来返回所有历史数据。函数的第一个参数为股票代码，国内股市采用的输入方式为"股票代码"＋"对应股市"，上证股票在股票代码后面加上".SS"，深圳股票在股票代码后面加上".SZ"。第二个参数是数据来源，如 Yahoo、Google 等，本节以从雅虎财经获取金融数据为例进行介绍。第三、四个参数为股票数据的起日期和终止日期。

这里需要导入 datetime、pandas 和 pandas-datareader 包，还可以调用 datetime.datetime.today()函数来获取程序当前运行的日期。

首先导入相关的包或库，代码如下：

```
import datetime
import pandas as pd
import pandas_datareader.data as pdr
```

在上述代码中，pandas_datareader.data 这个名称显然过长，因此给它取一个别名为 pdr，这样在后文中调用 pandas_datareader.data.DataReader()函数时，直接使用 pdr.DataReader 即可。注意，这里的 pandas_datareader 中使用的是下画线"_"，而不是在 pip 安装时使用的连接符"-"。

接下来，设置起始日期 start_date 和终止日期 end_date，调用 datetime.datetime()函数指向给定日期，例如调用 datetime.date.today()函数获取程序当前的日期，并将结果保存到一个名为 stock_info 的变量中，示例代码如下：

```
start_date = datetime.datetime(2020,10,1)
end_date = datetime.date.today()
```

```
stock_info = pdr.DataReader("000001.SS", "yahoo", start_date, end_date)
stock_info
```

也可以直接设置起始日期 start_date 和终止日期 end_date，再调用 DataReader()函数将其保存到变量中，示例代码如下：

```
import pandas_datareader.data as pdr
start_date = "2020-10-01"
end_date = "2020-12-15"
stock_info = pdr.DataReader("000001.SS", "yahoo", start_date, end_date)
stock_info
```

下面调用 head()函数观察一下金融数据的前 5 行，示例代码如下：

```
stock_info.head()
```

运行上述代码，输出如下：

```
      Date      High        Low         Open        Close     Volume  Adj Close
2020-10-09 3280.511963 3260.187012 3262.611084 3272.075928 188300 3272.075928
2020-10-12 3359.153076 3286.111084 3287.327881 3358.465088 259600 3358.465088
2020-10-13 3361.832031 3334.499023 3353.121094 3359.750000 204900 3359.750000
2020-10-14 3353.625000 3332.964111 3353.625000 3340.778076 198700 3340.778076
2020-10-15 3354.577881 3330.000977 3342.922119 3332.183105 191000 3332.183105
```

数据集的索引是日期 Date，总共有 High、Low、Open、Close 等 6 列数据。

5.4.2 提取特定日期数据

虽然变量 stock_info 中包含 2020 年第 4 季度的上证指数数据，但是在不同的业务需求下，需要提取不同的数据。例如，可能只需要 2020 年 10 月份的数据，也可能只需要 2020 年每个月份月底的数据。

例如，要提取 2020 年 10 月份的数据，示例代码如下：

```
stock_info['2020-10'].head()
```

运行上述代码，只会输出 2020 年 10 月份上证指数的前 5 条数据，如下所示：

```
      Date      High        Low         Open        Close     Volume  Adj Close
2020-10-09 3280.511963 3260.187012 3262.611084 3272.075928 188300 3272.075928
2020-10-12 3359.153076 3286.111084 3287.327881 3358.465088 259600 3358.465088
2020-10-13 3361.832031 3334.499023 3353.121094 3359.750000 204900 3359.750000
2020-10-14 3353.625000 3332.964111 3353.625000 3340.778076 198700 3340.778076
2020-10-15 3354.577881 3330.000977 3342.922119 3332.183105 191000 3332.183105
```

如果只需要输出每个月最后一个交易日的上证指数数据，可调用 resample()函数和 last()函数，示例代码如下：

```
stock_info.resample('M').last()
```

运行上述代码，如下所示：

```
    Date        High        Low         Open        Close       Volume  Adj Close
2020-10-31 3279.855957 3219.422119 3278.631104 3224.532959 230200 3224.532959
2020-11-30 3456.739990 3391.760010 3418.159912 3391.760010 385000 3391.760010
2020-12-31 3373.560059 3348.419922 3366.580078 3367.229980 225700 3367.229980
```

如果要计算每个月股票相关指标的平均值，则还需要调用 mean()函数，示例代码如下：

```
stock_info.resample('M').mean()
```

运行上述代码，输出如下：

```
    Date        High        Low         Open        Close       Volume  Adj Close
2020-10-31 3319.075134 3279.856918 3301.156006 3301.739685 189800.000000
3301.739685
2020-11-30 3360.622768 3324.611607 3342.221005 3345.486770 270504.761905
3345.486770
2020-12-31 3421.587491 3384.351274 3406.458718 3403.963912 267027.272727
3403.963912
```

此外，还可以设置 std()函数、count()函数等。

5.4.3　填充非交易日数据

下面来看时间序列数据中有缺失数据的操作，如果要查看股票每日的价格信息，可以调用 resample()函数重采样每一天的数据，示例代码如下：

```
stock_info.resample('D').last().head()
```

运行上述代码，输出如下：

```
    Date        High        Low         Open        Close       Volume  Adj Close
2020-10-09 3280.511963 3260.187012 3262.611084 3272.075928 188300.0
3272.075928
2020-10-10    NaN         NaN         NaN         NaN         NaN       NaN
2020-10-11    NaN         NaN         NaN         NaN         NaN       NaN
2020-10-12 3359.153076 3286.111084 3287.327881 3358.465088 259600.0
3358.465088
2020-10-13 3361.832031 3334.499023 3353.121094 3359.750000 204900.0
3359.750000
```

查看数据集前 5 条数据，可以看出 10 月 10 日和 10 月 11 日的数据为 NaN。

下面调用 ffill()函数对缺失数据进行填充，这里使用前一天的交易数据来填充，示例代码如下：

```
stock_info.resample('D').ffill().head()
```

运行上述代码，输出如下：

```
        Date        High          Low          Open         Close       Volume      Adj
Close
    2020-10-09 3280.511963 3260.187012 3262.611084 3272.075928 188300 3272.075928
    2020-10-10 3280.511963 3260.187012 3262.611084 3272.075928 188300 3272.075928
    2020-10-11 3280.511963 3260.187012 3262.611084 3272.075928 188300 3272.075928
    2020-10-12 3359.153076 3286.111084 3287.327881 3358.465088 259600 3358.465088
    2020-10-13 3361.832031 3334.499023 3353.121094 3359.750000 204900 3359.750000
```

也可以调用 mean()函数用该列数据的平均值来填充，示例代码如下：

```python
import numpy as np
df = stock_info.resample('D').last()
df.fillna(np.mean(df)).head()
```

运行上述代码，输出如下：

```
        Date        High          Low          Open         Close       Volume      Adj
Close
    2020-10-09 3280.511963 3260.187012 3262.611084 3272.075928 188300.00
3272.075928
    2020-10-10 3360.744639 3323.383718 3343.253815 3344.305420 242806.25
3344.305420
    2020-10-11 3360.744639 3323.383718 3343.253815 3344.305420 242806.25
3344.305420
    2020-10-12 3359.153076 3286.111084 3287.327881 3358.465088 259600.00
3358.465088
    2020-10-13 3361.832031 3334.499023 3353.121094 3359.750000 204900.00
3359.750000
```

5.5 小结与课后练习

本章要点

1. 介绍了如何使用 Pandas 包进行重复值的检测和处理。
2. 介绍了如何使用 Pandas 包进行缺失值的检测和处理。
3. 介绍了如何使用 Pandas 包进行异常值的检测和处理。

课后练习

练习 1：检查和处理"9 月份员工考核.xls"中的缺失值，并用最大值进行填充。

练习 2：检查和处理"9 月份员工考核.xls"中的异常值，并用中位数进行填充。

第**6**章

Matplotlib 数据可视化

Matplotlib 是一个比较重要的 Python 绘图库，它基于 NumPy 的数组运算功能，绘图功能非常强大，已经成为 Python 中公认的数据可视化基础库，通过 Matplotlib 可以很轻松地画一些或简单或复杂的图形。本章将介绍如何用 Matplotlib 绘制常用图形。

6.1　图形参数设置

使用 Matplotlib 进行可视化分析时，为了图形的美观，需要对图形设置参数。本节介绍 Matplotlib 的主要参数配置，包括线条、坐标轴、图例等，以及绘图的参数文件及主要函数，并结合实际案例进行深入说明。

6.1.1　设置图形线条

在 Matplotlib 中，可以很方便地绘制各类图形，如果不在程序中设置参数，软件会使用默认的参数。例如对输入的数据进行数据变换并绘制曲线，示例代码如下：

```
#导入绘图相关包（模块）
import matplotlib.pyplot as plt
import numpy as np

#生成数据
x = np.arange(0,30,1)
y1 = 3*np.sin(2*x) + 2*x + 1
y2 = 2*np.cos(2*x) + 3*x + 9
```

```
#绘制图形
plt.plot(x,y1)
plt.plot(x,y2)

#输出图形
plt.show()
```

运行上述代码，生成如图 6-1 所示的折线图。

上面绘制的曲线比较单调，我们可以设置线的颜色、线宽、样式，以及添加点，并设置点的样式、颜色、大小等，优化后的代码如下：

```
#导入绘图相关包（模块）
import matplotlib.pyplot as plt
import numpy as np

#生成数据
x = np.arrange(0,30,1)
y1 = 3*np.sin(2*x) + 2*x + 1
y2 = 2*np.cos(2*x) + 3*x + 9

#设置线的颜色、线宽、样式
plt.plot(x,y1,linestyle='-.',color='red',linewidth=5.0)
#添加点，设置点的样式、颜色、大小
plt.plot(x,y2,marker='*',color='green',markersize=10)

#输出图形
plt.show()
```

运行上述代码，生成如图 6-2 所示的折线图。

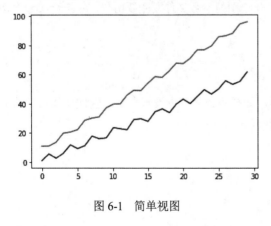

图 6-1　简单视图

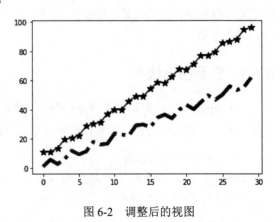

图 6-2　调整后的视图

在 Matplotlib 中，可以通过设置线的颜色（color）、标记（marker）、线型（line）等参数美化图形，其中线的颜色参数说明如表 6-1 所示。

表 6-1　颜色的设置

字　　符	说　　明
'b'	蓝色
'g'	绿色
'r'	红色
'c'	青色
'm'	品红
'y'	黄色
'k'	黑色
'w'	白色

　　在图形中，可以为不同的线条添加不同的标记，以显示其区别，线的标记参数说明如表 6-2 所示。

表 6-2　标记的设置

字　　符	说　　明
'.'	点标记
','	像素标记
'o'	圆圈标记
'v'	triangle_down 标记
'^'	triangle_up 标记
'<'	triangle_left 标记
'>'	triangle_right 标记
'1'	tri_down 标记
'2'	tri_up 标记
'3'	tri_left 标记
'4'	tri_right 标记
's'	方形标记
'p'	五角大楼标记
'*'	星形标记
'h'	hexagon1 标记
'H'	hexagon2 标记
'+'	加号标记
'x'	x 标记
'D'	钻石标记
'd'	thin_diamond 标记
'|'	垂线标记
'_'	横线标记

　　此外,还可以通过设置各条线的类型突出显示线之间的差异,线的类型参数说明如表 6-3 所示。

表 6-3 线的设置

字　　符	说　　明
'-'	实线样式
'--'	虚线样式
'-.'	破折号-点线样式
':'	虚线样式

6.1.2 设置图形坐标轴

Matplotlib 坐标轴的刻度设置可以调用 plt.xlim()函数和 plt.ylim()函数来实现，参数分别是坐标轴的最小值和最大值，例如设置横轴的刻度在 0～30，纵轴的刻度在 0～100，示例代码如下：

```
#导入绘图相关包（模块）
import matplotlib.pyplot as plt
import numpy as np

#生成数据
x = np.arrange(0,30,1)
y1 = 3*np.sin(2*x) + 2*x + 1
y2 = 2*np.cos(2*x) + 3*x + 9

#设置线的颜色、线宽、样式
plt.plot(x,y1,linestyle='-.',color='red',linewidth=5.0)
#添加点，设置点的样式、颜色、大小
plt.plot(x,y2,marker='*',color='green',markersize=10)

#设置 x 轴的刻度
plt.xlim(0,30)

#设置 y 轴的刻度
plt.ylim(0,100)

#输出图形
plt.show()
```

运行上述代码，生成如图 6-3 所示的视图，与图 6-2 是一样的，这是由于 Matplotlib 默认以相对美观的方式展示数据。

在 Matplotlib 中，可以调用 plt.xlabel()函数对坐标轴的标签进行设置，其中参数 xlabel 设置标签的内容，参数 size 设置标签的大小，参数 rotation 设置标签的旋转度，参数 verticalalignment 设置标签的上下位置（分为 center、top 和 bottom 三种）。

例如，为横轴和纵轴分别添加标签 Day 和 Amount，以及标签的大小、旋转度、位置等，示例代码如下：

```
#导入绘图相关包（模块）
import numpy as np
import matplotlib.pyplot as plt

#生成数据并绘图
x = np.arrange(0,30,1)
y1 = 3*np.sin(2*x) + 2*x + 1
y2 = 2*np.cos(2*x) + 3*x + 9

#设置线的颜色、线宽、样式
plt.plot(x,y1,linestyle='-.',color='red',linewidth=5.0)
#添加点，设置点的样式、颜色、大小
plt.plot(x,y2,marker='*',color='green',markersize=10)

#给 x 轴加上标签
plt.xlabel('Day',size=16)

#给 y 轴加上标签
plt.ylabel('Amount',size=16,rotation=90,verticalalignment='center')

#设置 x 轴的刻度
plt.xlim(0,30)

#设置 y 轴的刻度
plt.ylim(0,100)

#输出图形
plt.show()
```

运行上述代码，生成如图 6-4 所示的视图。

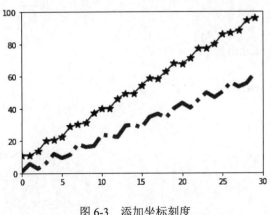

图 6-3　添加坐标刻度

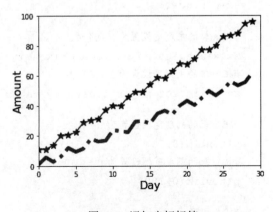

图 6-4　添加坐标标签

在 Matplotlib 中，还可以导入 MultipleLocator 类，设置坐标轴刻度的间隔。例如要修改上述曲线，将横轴的刻度间隔调整为 2，纵轴的刻度间隔调整为 10，示例代码如下：

```python
#导入绘图相关包（模块）
import numpy as np
import matplotlib.pyplot as plt
#从 pyplot 导入 MultipleLocator 类，用于设置刻度间隔
from matplotlib.pyplot import MultipleLocator

#生成数据并绘图
x = np.arrange(0,30,1)
y1 = 3*np.sin(2*x) + 2*x + 1
y2 = 2*np.cos(2*x) + 3*x + 9

#设置线的颜色、线宽、样式
plt.plot(x,y1,linestyle='-.',color='red',linewidth=5.0)
#添加点，设置点的样式、颜色、大小
plt.plot(x,y2,marker='*',color='green',markersize=10)

#给 x 轴加上标签
plt.xlabel('Day',size=16)

#给 y 轴加上标签
plt.ylabel('Amount',size=16,rotation=90,verticalalignment='center')

#自定义坐标轴刻度
#把 x 轴的刻度间隔设置为 2，并存储在变量中
x_major_locator=MultipleLocator(2)
#把 y 轴的刻度间隔设置为 10，并存储在变量中
y_major_locator=MultipleLocator(10)

#ax 为两条坐标轴的实例
ax=plt.gca()

#把 x 轴的主刻度设置为 2 的倍数
ax.xaxis.set_major_locator(x_major_locator)
#把 y 轴的主刻度设置为 10 的倍数
ax.yaxis.set_major_locator(y_major_locator)

#把 x 轴的刻度范围设置为 0～30
plt.xlim(0,30)
#把 y 轴的刻度范围设置为 0～100
plt.ylim(0,100)

#输出图形
plt.show()
```

运行上述代码，生成如图 6-5 所示的视图。

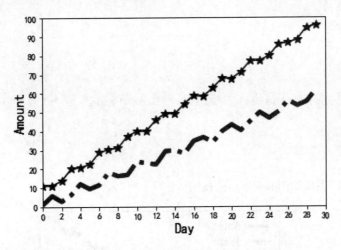

图 6-5　设置坐标轴间隔

6.1.3　设置图形图例

图例集中于图形一角或一侧的图形上，各种符号和颜色代表内容与指标的说明，它有助于我们更好地认识图形。

默认情况下，Matplotlib 中不带参数地调用 plt.legend() 函数会自动获取图例相关标签，但是也可以进行自定义设置，如添加 Sales 和 Profit 图例，示例代码如下：

```
#导入绘图相关包（模块）
import numpy as np
import matplotlib.pyplot as plt

#生成数据并绘图
x = np.arrange(0,30,1)
y1 = 3*np.sin(2*x) + 2*x + 1
y2 = 2*np.cos(2*x) + 3*x + 9

#设置线的颜色、线宽、样式
plt.plot(x,y1,linestyle='-.',color='red',linewidth=5.0,label='convert A')
#添加点，设置点的样式、颜色、大小
plt.plot(x,y2,marker='*',color='green',markersize=10,label='convert B')

#给 x 轴加上标签
plt.xlabel('Day',size=16)

#给 y 轴加上标签
plt.ylabel('Amount',size=16,rotation=90,verticalalignment='center')
```

```
#设置 x 轴的刻度
plt.xlim(0,30)
#设置 y 轴的刻度
plt.ylim(0,100)

#设置图例
plt.legend(labels=['Sales', 'Profit'],loc='upper left',fontsize=15)

#输出图形
plt.show()
```

运行上述代码，生成如图 6-6 所示的视图。

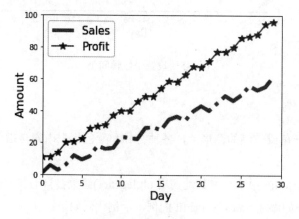

图 6-6　添加视图图例

Matplotlib 图例的主要参数说明如表 6-4 所示。

表 6-4　图例参数配置

属　　性	说　　明
loc	图例位置，如果使用了 bbox_to_anchor 参数，则该项无效
fontsize	设置字体大小
frameon	是否显示图例边框
ncol	图例的列的数量，默认为 1
title	为图例添加标题
shadow	是否为图例边框添加阴影
markerfirst	True 表示图例标签在句柄右侧，False 反之
markerscale	图例标记为原图标记中的多少倍大小
numpoints	表示图例中的句柄上的标记点的个数，一般设为 1
fancybox	是否将图例框的边角设为圆形
framealpha	控制图例框的透明度
borderpad	图例框内边距

（续表）

属　　性	说　　明
labelspacing	图例中各项之间的距离
handlelength	图例句柄的长度
bbox_to_anchor	如果要自定义图例位置，需要设置该参数

6.2　绘图参数文件及主要函数

可以在程序中添加代码来对参数进行配置，但是假设一个项目对于 Matplotlib 的特性参数总会设置相同的值，就没有必要在每次编写代码的时候都进行相同的配置。取而代之的是，应该在代码之外使用一个永久的文件来设置好 Matplotlib 参数默认值。

6.2.1　修改绘图参数文件

在 Matplotlib 中，可以通过 Matplotlibrc 这个配置文件永久修改绘图参数，该文件中包含绝大部分可以变更的属性。Matplotlibrc 通常在 Python 的 site-packages 目录下。不过在每次重装 Matplotlib 的时候，这个配置文件就会被覆盖，查看 Matplotlibrc 所在目录的代码为：

```
import Matplotlib
print(Matplotlib.Matplotlib_fname())
```

笔者保存的路径是 F:\Uninstall\Anaconda3\lib\site-packages\Matplotlib\mpl-data\Matplotlibrc，具体路径由软件的安装位置决定。然后用记事本打开 Matplotlibrc 文件，如图 6-7 所示。

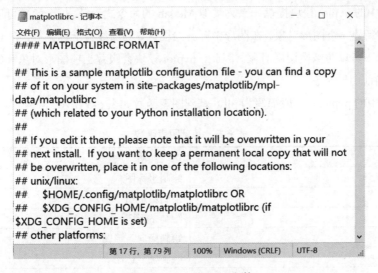

图 6-7　Matplotlibrc 文件

再根据自己的需要来修改里面相应的属性即可。注意，在修改后记得把前面的"#"去掉。配置文件包括以下配置项：

（1）axes：设置坐标轴边界和颜色、坐标刻度值大小和网格。

（2）figure：设置边界颜色、图形大小和子区。

（3）font：设置字体集、字体大小和样式。

（4）grid：设置网格颜色和线形。

（5）legend：设置图例和其中文本的显示。

（6）line：设置线条和标记。

（7）savefig：可以对保存的图形进行单独设置。

（8）text：设置字体颜色、文本解析等。

（9）xticks 和 yticks：为 x、y 轴的刻度设置颜色、大小、方向等。

例如，在实际运用中经常会碰到中文显示为"□□"，那是因为没有给 Matplotlib 设置字体类型。如果不改变 Matplotlibrc 配置文件的话，在程序中只需要添加下面的代码即可：

```
import Matplotlib.pyplot as plt
# 用来正常显示中文标签
plt.rcParams['font.sans-serif'] = ['SimHei']
# 用来正常显示负号
plt.rcParams['axes.unicode_minus'] = False
```

如果不想每次在使用 Matplotlib 的时候都要写上面的代码，就可以采用前面修改 Matplotlibrc 配置文件的方法来一劳永逸。

6.2.2 主要绘图函数简介

Matplotlib 中的 pyplot 模块提供一系列类似 Matlab 的命令式函数。每个函数可以对图形对象做一些改动，比如新建一个图形对象、在图形中开辟绘图区、为曲线打上标签等。在 matplotlib.pyplot 中，大部分情况下可以跨函数调用对象。因此，pyplot 模块会跟踪当前图形对象和绘图区，绘图函数直接作用于当前图形对象。

Matplotlib 中的 pyplot（一般简写为 plt）基础图表函数如表 6-5 所示。

表 6-5　基础图表函数

函　　数	说　　明
plt.plot()	绘制坐标图
plt.boxplot()	绘制箱形图
plt.bar()	绘制条形图
plt.barh()	绘制横向条形图
plt.polar()	绘制极坐标图
plt.pie()	绘制饼图

（续表）

函　　数	说　　明
plt.psd()	绘制功率谱密度图
plt.specgram()	绘制谱图
plt.cohere()	绘制相关性函数
plt.scatter()	绘制散点图
plt.step()	绘制步阶图
plt.hist()	绘制直方图
plt.contour()	绘制等值图
plt.vlines()	绘制垂直图
plt.stem()	绘制柴火图
plt.plot_date()	绘制数据日期
plt.clabel()	绘制轮廓图
plt.hist2d()	绘制 2D 直方图
plt.quiverkey()	绘制颤动图
plt.stackplot()	绘制堆积面积图
plt.violinplot()	绘制小提琴图

6.2.3　绘图函数应用案例——分析某企业 2020 年销售额增长情况

下面将结合实际案例介绍 Matplotlib 绘图参数设置，本案例为了分析某企业 2020 年的销售额在全国各个地区的增长情况，分别统计了每个地区在 2019 年和 2020 年的数据，并按照差额的大小进行了排序，绘制折线图的代码如下：

```
#导入相关包或库
import matplotlib.pyplot as plt

#用来正常显示中文标签和负号
plt.rcParams['font.sans-serif']=['SimHei']
plt.rcParams['axes.unicode_minus']=False
#数据设置
x =['中南','东北','华东','华北','西南','西北'];
y1=[223.65, 488.28, 673.34, 870.95, 1027.34, 1193.34];
y2=[214.71, 445.66, 627.11, 800.73, 956.88, 1090.24];

#设置输出的图片大小
figsize = 11,7
figure, ax = plt.subplots(figsize=figsize)

#在同一张图片上画两条折线
A,=plt.plot(x,y1,'-r',label='2020 年销售额',linewidth=5.0)
B,=plt.plot(x,y2,'b-.',label='2019 年销售额',linewidth=5.0)
```

```
#设置坐标刻度值的大小以及刻度值的字体
plt.tick_params(labelsize=16)
labels = ax.get_xticklabels() + ax.get_yticklabels()
[label.set_fontname('SimHei') for label in labels]

#设置图例并且设置图例的字体及大小
font1 = {'family' : 'Microsoft YaHei','weight' : 'normal','size' : 16,}
legend = plt.legend(handles=[A,B],prop=font1)

#设置横纵坐标的名称以及对应字体格式
font2 = {'family' : 'SimHei','weight' : 'normal','size' : 16,}
plt.xlabel('地区',font2)
plt.ylabel('销售额',font2)

#输出图形
plt.show()
```

运行上述代码，输出如图 6-8 所示的折线图。可以看出：企业的 6 个区域在 2020 年的销售额各自都比在 2019 年的销售额多，增长额度由大到小依次是：西北、西南、华北、华东、东北、中南。

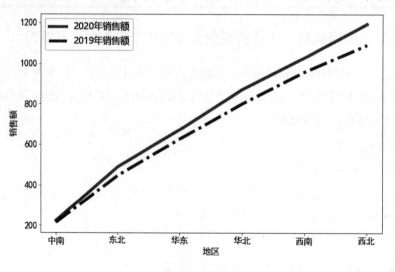

图 6-8　各地区销售额分析

6.3　Matplotlib 图形整合

Matplotlib 可以把多张图画到一个显示界面，这就涉及面板切分成一个个子图。这是怎么做到的呢？Matplotlib 提供两种方法：直接指定划分方式和按位置进行绘图。本节将介绍 Matplotlib 的图形整合方法及其案例。

6.3.1　subplot()函数

Subplot()函数共有三个参数，前面两个参数指定一个画板被分割成的行数和列数，后面一个参数则指定当前正在绘制的区块编号，编号规则就是行优先规则，示例代码如下：

```python
#导入相关包或库
import numpy as np
import matplotlib as mpl
import matplotlib.pyplot as plt

t=np.arange(0.0,6.0,0.05)
s=np.cos(t*np.pi)

plt.figure(figsize=(11,7))

#两行两列，第一张图
plt.subplot(2,2,1)
plt.plot(t,s,'b*')
plt.ylabel('y1',fontsize=16)
plt.xticks(fontsize=16)
plt.yticks(fontsize=16)

#两行两列，第二张图
plt.subplot(2,2,2)
plt.plot(1.5*t,s,'r-.')
plt.ylabel('y2',fontsize=16)
plt.xticks(fontsize=16)
plt.yticks(fontsize=16)

#两行两列，第三张图
plt.subplot(2,2,3)
plt.plot(2*t,s,'m-*')
plt.ylabel('y3',fontsize=16)
plt.xticks(fontsize=16)
plt.yticks(fontsize=16)

#两行两列，第四张图
plt.subplot(2,2,4)
plt.plot(2.5*t,s,'k.')
plt.ylabel('y4',fontsize=16)
plt.xticks(fontsize=16)
plt.yticks(fontsize=16)

plt.show()
```

执行上面的代码，生成如图 6-9 所示的整合图形。

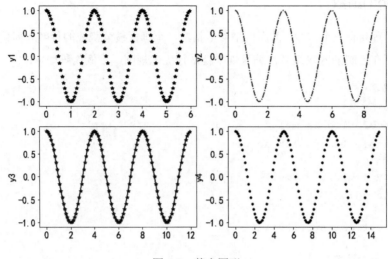

图 6-9　整合图形

6.3.2　subplots()函数

第二种方法是调用 subplots()函数，这种方法更直接，就是事先把画板分隔好，然后绘制图形，示例代码如下：

```python
#导入相关包或库
import numpy as np
import matplotlib as mpl
import matplotlib.pyplot as plt

t=np.arrange(0.0,6.0,0.05)
s=np.sin(t*np.pi)
c=np.cos(t*np.pi)

figure,ax=plt.subplots(2,2,figsize=(11,7))

#绘制第一张图
ax[0][0].plot(t,s,'r*')
ax[0][0].set_xticklabels([-0.25,0,0.25,0.5,0.75,1,1.25,1.5],fontsize=16)
ax[0][0].set_yticklabels([-1.5,-1,-0.5,0,0.5,1],fontsize=16)

#绘制第二张图
ax[0][1].plot(t*2,s,'b-.')
ax[0][1].set_xticklabels([-0.25,0,0.25,0.5,2,2.5,3,3.5],fontsize=16)
ax[0][1].set_yticklabels([-1.5,-1,-0.5,0,0.5,1],fontsize=16)

#绘制第三张图
ax[1][0].plot(t,c,'g-*')
```

```
ax[1][0].set_xticklabels([-0.25,0,0.25,0.5,0.75,1,1.25,1.5],fontsize=16)
ax[1][0].set_yticklabels([-1.5,-1,-0.5,0,0.5,1],fontsize=16)

#绘制第四张图
ax[1][1].plot(t*2,c,'k.')
ax[1][1].set_xticklabels([-0.25,0,0.25,0.5,2,2.5,3,3.5],fontsize=16)
ax[1][1].set_yticklabels([-1.5,-1,-0.5,0,0.5,1],fontsize=16)
```

执行上面的代码，生成如图 6-10 所示的整合图形。

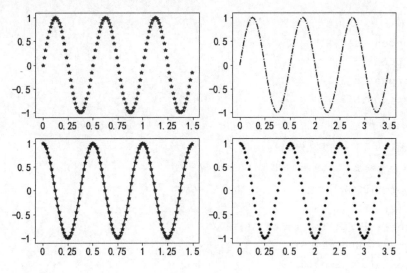

图 6-10　整合图形

6.3.3　图形整合实战——分析 2020 年某企业产品销售的区域差异性

由于受区域经济环境、生活环境、文化环境等的影响，电商企业的产品销售往往会呈现区域性差异，为了深入研究 2020 年该企业的产品是否具有区域差异性，我们这里调用 subplot()函数进行可视化分析，示例代码如下：

```
#导入相关包或库
import pymysql
import numpy as np
import matplotlib as mpl
import matplotlib.pyplot as plt

#显示中文及负号
plt.rcParams['font.sans-serif'] = ['SimHei']
plt.rcParams['axes.unicode_minus']=False

#读取 MySQL 数据
conn = pymysql.connect(host='127.0.0.1',port=3306,user='root',
password='root', db='sales',charset='utf8')
```

```
cursor = conn.cursor()
sql_num = "SELECT region,ROUND(SUM(sales)/10000,2),ROUND(SUM(profit)/
10000,2), ROUND(SUM(amount),2) FROM orders WHERE dt=2020 GROUP BY region"
cursor.execute(sql_num)
sh = cursor.fetchall()
v1 = []
v2 = []
v3 = []
v4 = []
for s in sh:
    v1.append(s[0])
    v2.append(s[1])
    v3.append(s[2])
    v4.append(s[3])

#设置图形大小
plt.figure(figsize=(11,7))

#地区销售额条形图
plt.subplot(221)
plt.bar(v1, v2)
plt.ylabel('销售额',fontsize=16)
plt.xticks(fontsize=16)
plt.yticks(fontsize=16)

#地区利润额折线图
plt.subplot(222)
plt.plot(v1, v3)
plt.ylabel('利润额',fontsize=16)
plt.xticks(fontsize=16)
plt.yticks(fontsize=16)

#利润额分布箱线图
plt.subplot(223)
plt.boxplot(v3)
plt.ylabel('利润额',fontsize=16)
plt.xticks([])
plt.yticks(fontsize=16)

#地区订单量饼图
plt.subplot(224)
plt.pie(v4,labels=v1,autopct='%1.2f%%',textprops={'fontsize':15,'color':
'black'})

plt.suptitle('2020年企业经营状况区域分析', fontsize=20)
plt.show()
```

　　在 JupyterLab 中运行上述代码，生成如图 6-11 所示的复合图形。可以看出：该企业在 2020 年，6 个地区的销售额差异较大，其中中南地区的销售额最多，超过了 60 万元，而利润额最多的也是中南地区，接近 4 万元，6 个地区的平均利润额约为 2.5 万元，订单量最多的也是中南地区，占比达到了 25.94%，其次是华东地区为 25.47%。

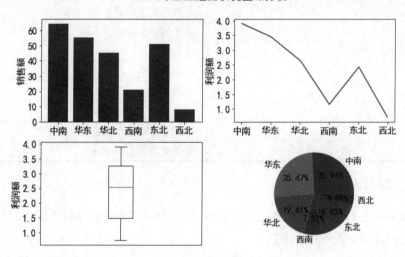

图 6-11　2020 年企业经营状况区域分析

6.4　Matplotlib 可视化案例

　　对于企业来说，如果无法及时分析日常运营活动产生的大量数据，则其价值就会得不到有效利用。本节使用 Matplotlib 对电商企业的数据进行案例分析，为企业运营数据的可视化提供更快捷、更方便、更准确的方法。

6.4.1　商品区域销售额条形图

1. 条形图及其参数说明

Matplotlib 中用于绘制条形图的是 plt.bar()函数，该函数参数如下：

```
Matplotlib.pyplot.bar(x, height, width=0.8, bottom=None, *, align='center',
data=None, **kwargs)
```

Matplotlib 条形图的参数配置如表 6-6 所示。

表 6-6　条形图参数配置

属　　性	说　　明
x	设置横坐标
height	条形的高度
width	直方图宽度，默认为 0.8
botton	条形的起始位置
align	条形的中心位置
color	条形的颜色
edgecolor	边框的颜色
linewidth	边框的宽度
tick_label	下标的标签
log	y 轴使用科学计算法表示
orientation	是竖直条还是水平条

2. 不同区域销售额的比较

电商企业的产品销售往往会呈现区域性差异，为了深入研究该企业的产品在 2020 年是否具有区域差异，绘制区域销售额的条形图。

该企业的订单数据存储在 MySQL 数据库的订单表（orders）中，包含客户订单的基本信息，例如订单 ID、订单日期、门店名称、支付方式、发货日期等 25 个字段，具体如表 6-7 所示。

表 6-7　订单表

序　　号	变　量　名	说　　明
1	order_id	订单 ID
2	order_date	订单日期
3	store_name	门店名称
4	pay_method	支付方式
5	deliver_date	发货日期
6	landed_days	实际发货天数
7	planned_days	计划发货天数
8	cust_id	客户 ID
9	cust_name	姓名
10	cust_type	类型
11	city	城市
12	province	省市
13	region	地区
14	product_id	商品 ID
15	product	商品名称
16	category	类别

（续表）

序　　号	变　量　名	说　　明
17	subcategory	子类别
18	sales	销售额
19	amount	数量
20	discount	折扣
21	profit	利润额
22	manager	销售经理
23	return	是否退回
24	satisfied	是否满意
25	dt	年份

下面使用 Matplotlib 库绘制企业 2020 年区域销售额的条形图，示例代码如下：

```
#导入相关包或库
import pymysql
import numpy as np
import matplotlib.pyplot as plt
plt.rcParams['font.sans-serif'] = ['SimHei']    #显示中文
plt.rcParams['axes.unicode_minus']=False        #正常显示负号

#读取 MySQL 数据
conn =
pymysql.connect(host='127.0.0.1',port=3306,user='root',password='root',
db='sales',charset='utf8')
cursor = conn.cursor()
sql_num = "SELECT region,ROUND(SUM(sales)/10000,2) FROM orders WHERE dt=2020
GROUP BY region"
cursor.execute(sql_num)
sh = cursor.fetchall()
v1 = []
v2 = []
for s in sh:
    v1.append(s[0])
    v2.append(s[1])

#绘制条形图
plt.figure(figsize=(11,7))
plt.bar(v1, v2, alpha=0.5,width=0.5,color='green',edgecolor='red',label=
'销售额',lw=1)

#设置纵坐标范围
plt.ylim((0,70))
```

```
#图形设置
plt.legend(loc='upper right',fontsize=16)
plt.xticks(np.arrange(6), v1,rotation=10)
plt.xlabel('销售区域',fontsize=16)
plt.ylabel('销售额',fontsize=16)
plt.title('2020 年区域销售额分析',fontsize=20)

#设置坐标轴字体大小
plt.tick_params(axis='both',labelsize=16)
plt.show()
```

在 Jupyter Lab 中运行上述代码，生成如图 6-12 所示的条形图。可以看出该企业在 2020 年，在全国 6 大销售区域的销售额存在较大的差异，其中中南地区销售额最多，超过 60 万元，其次是华东地区，最少的是西北地区，还不到 10 万元。

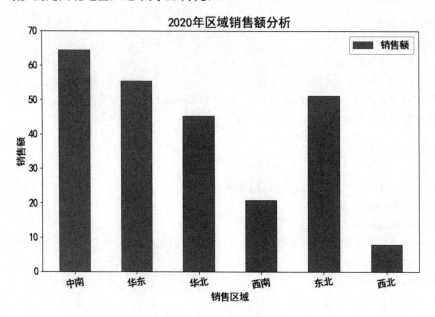

图 6-12　区域销售额条形图

6.4.2　商品每周利润率折线图

1. 折线图及其参数说明

Matplotlib 中用于绘制折线图的是 plt.plot()函数，该函数参数如下：

```
plot([x], y, [fmt], data=None, **kwargs)
```

Matplotlib 折线图的参数配置如表 6-8 所示。

表 6-8　折线图参数配置

属　　性	说　　明
x,y	设置数据点的水平或垂直坐标
fmt	用一个字符串来定义图的基本属性，如颜色、点型、线型
data	带有标签的绘图数据

2. 每周商品利润率分析

电商企业的产品销售一般都具有周期性，为了深入研究该企业商品利润率的变化情况，需要绘制企业每周利润率折线图。

下面使用 Matplotlib 库绘制企业 2020 年上半年每周销售额和利润额的折线图，示例代码如下：

```
#导入相关包或库
import pymysql
import numpy as np
import matplotlib.pyplot as plt
plt.rcParams['font.sans-serif'] = ['SimHei']        #显示中文
plt.rcParams['axes.unicode_minus']=False            #正常显示负号

#读取 MySQL 数据
conn =
pymysql.connect(host='127.0.0.1',port=3306,user='root',password='root',
db='sales',charset='utf8')
cursor = conn.cursor()
sql_num = "SELECT weekofyear(order_date),ROUND(100*SUM(profit)/SUM(sales),2)
FROM orders WHERE dt=2020 and weekofyear(order_date)<=26 GROUP BY
weekofyear(order_date)"
cursor.execute(sql_num)
sh = cursor.fetchall()
v1 = []
v2 = []
for s in sh:
    v1.append(s[0])
    v2.append(s[1])

#绘制折线图
plt.figure(figsize=(11,7))
plt.plot(v1, v2,marker='*',color='red',markersize=10,label='利润率')

#设置纵坐标范围
plt.ylim((0,15))

#设置横坐标角度，这里设置为 45 度
plt.xticks(np.arrange(0, 27, 2),rotation=45,fontsize=16)
```

```
plt.yticks(np.arrange(0, 15, 1),fontsize=16)

#设置横纵坐标名称
plt.xlabel("日期（第几周）",fontsize=16)
plt.ylabel("利润率",fontsize=16)

#设置折线图名称
plt.title("2020年上半年每周商品利润率分析",fontsize=20)
plt.legend(loc='upper right',fontsize=16)
plt.show()
```

在 JupyterLab 中运行上述代码，生成如图 6-13 所示的折线图。可以看出：在 2020 年，企业每周的商品利润率变化较大，前几周的利润率基本都在 5%以上，但是后面几周的利润率相对较低，基本在 5%附近波动。

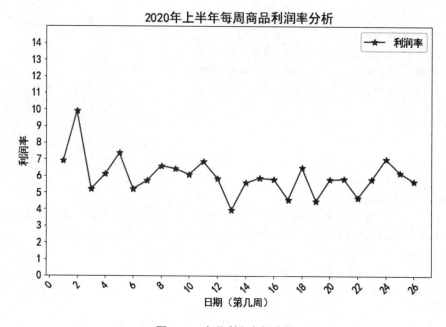

图 6-13　商品利润率折线图

6.4.3　商品利润贡献率饼图

1. 饼图及其参数说明

Matplotlib 中用于绘制饼图的是 plt.pie()函数，该函数参数如下：

```
Matplotlib.pyplot.pie(x, explode=None, labels=None, colors=None, autopct=None, pctdistance=0.6, shadow=False, labeldistance=1.1, startangle=None, radius=None, counterclock=True, wedgeprops=None, textprops=None, center=(0, 0), frame=False, rotatelabels=False, *, data=None)
```

Matplotlib 饼图的参数配置如表 6-9 所示。

表 6-9　饼图参数配置

属　　性	说　　明
x	每一块的比例，如果 sum(x) > 1，则会进行归一化处理
labels	每一块饼图外侧显示的说明文字
explode	每一块离开中心的距离
startangle	起始绘制角度，默认从 x 轴正方向逆时针画起，若设定为 90，则从 y 轴正方向画起
shadow	在饼图下面画一个阴影。默认为 False，即不画阴影
labeldistance	标签标记的绘制位置，相对于半径的比例，默认值为 1.1，若小于 1，则绘制在内侧
autopct	控制饼图内的百分比设置
pctdistance	类似于 labeldistance，指定 autopct 的位置刻度，默认值为 0.6
radius	控制饼图半径，默认值为 1
counterclock	指定指针方向，可选，默认为 True，即逆时针
wedgeprops	字典类型，可选，默认值为 None。参数字典传递给 wedge 对象用来画饼图
textprops	设置标签和比例文字的格式，字典类型，可选，默认值为 None
center	浮点类型的列表，可选，默认值为（0，0），图标中心位置
frame	布尔类型，可选，默认为 False。如果为 True，绘制带有表的轴框架
rotatelabels	布尔类型，可选，默认为 False。如果为 True，旋转每个标签到指定的角度

2. 不同类型商品利润贡献率分析

为了研究该企业不同类型商品的利润贡献率是否存在一定的差异，绘制了不同类型商品利润额的饼图，示例代码如下：

```
#导入相关包或库
import pymysql
import numpy as np
import matplotlib.pyplot as plt
plt.rcParams['font.sans-serif'] = ['SimHei']    #显示中文
plt.rcParams['axes.unicode_minus']=False        #正常显示负号

#读取 MySQL 数据
conn = pymysql.connect(host='127.0.0.1',port=3306,user='root',
password='root', db='sales',charset='utf8')
cursor = conn.cursor()
sql_num = "SELECT category,ROUND(SUM(profit),2)FROM orders WHERE dt=2020 GROUP
BY category"
cursor.execute(sql_num)
sh = cursor.fetchall()
v1 = []
v2 = []
```

```
for s in sh:
    v1.append(s[0])
    v2.append(s[1])

#绘制饼图
plt.figure(figsize=(11,7))
labels = v1
explode =[0.1, 0.1, 0.1]
plt.pie(v2, explode=explode,
labels=labels,autopct='%1.2f%%',textprops={'fontsize':16,'color':'black'})
plt.title('2020 年不同类型商品利润贡献率分析',fontsize = 20)
plt.show()
```

在 JupyterLab 中运行上述代码，生成如图 6-14 所示的饼图。从图中可以看出：该企业在 2020 年，不同类型产品的利润贡献率存在一定的差异，其中办公用品类为 39.51%，家具类为 31.76%，技术类为 28.73%。

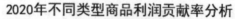
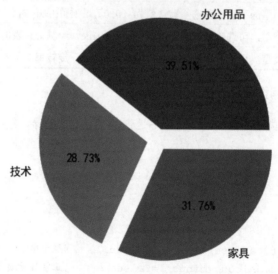

图 6-14　不同类型商品利润贡献率

6.5　小结与课后练习

本章要点

1. 介绍了 Matplotlib 绘图参数设置，包括线条、坐标轴、图例。

2. 通过实际案例介绍了 Matplotlib 绘图参数文件及主要函数等。

3. 介绍了 Matplotlib 的 subplot() 和 subplots() 图形整合函数。

课后练习

练习 1：使用订单 orders 表，绘制如图 6-15 所示的企业在 2020 年上半年每周销售额和利润额的折线图。

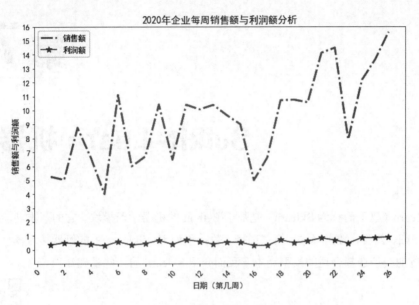

图 6-15　销售额和利润额折线图

练习 2：使用订单 orders 表，绘制如图 6-16 所示的 2020 年上半年企业的区域销售额统计图。

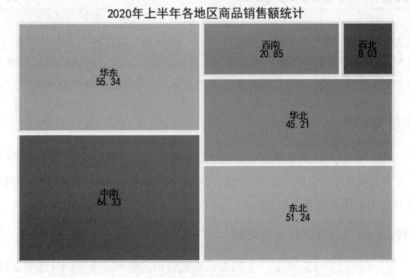

图 6-16　区域销售额统计图

第 **7** 章

Scikit-Learn 机器学习

Scikit-Learn（以下简称为 Sklearn）是基于 Python 的机器学习模块，它的基本功能可分为 6 部分：分类、回归、聚类、数据降维、模型选择、数据预处理。Sklearn 中的机器学习模型非常丰富，可以根据问题的类型选择合适的模型。本章我们介绍 Sklearn 的一些基础知识。

7.1　机器学习及其类型

机器学习是一门多领域交叉学科，涉及概率论、统计学、逼近论、凸分析、算法复杂度等，专门研究计算机怎样模拟或实现人类的学习行为，以获取新的知识或技能，重新组织已有的知识结构，使之不断改善自身的性能。本节介绍机器学习的基础知识，包括机器学习的特点、分类和应用。

7.1.1　机器学习的特点

目前，人工智能（AI）技术浪潮正在席卷全球，影响着我们的生活，诸多词汇时刻萦绕在我们耳边：人工智能、机器学习、深度学习，不少人对这些高频词汇的含义及其背后的关系总是似懂非懂、一知半解，下面简单阐述其区别。

1. 人工智能：从概念提出到走向繁荣

1956 年，人们提出了"人工智能"的概念，梦想着用当时刚刚出现的计算机来构造复杂的、拥有与人类智慧相同特质的机器。人工智能的研究领域也在不断扩大，人工智能研究的各个分支包括专家系统、机器学习、模糊逻辑、自然语言处理、推荐系统等。

2. 机器学习：一种实现人工智能的方法

机器学习基本的做法是使用算法来解析数据、从中学习，然后对真实世界中的事件做出决策和预测。与传统的为解决特定任务、硬编码的软件程序不同，机器学习是用大量的数据来"训练"，通过各种算法从数据中学习如何完成任务。

3. 深度学习：一种实现机器学习的技术

深度学习本来并不是一种独立的学习方法，其本身也会用到监督式和无监督式的学习方法来训练深度神经网络。但由于近几年该领域发展迅猛，一些特有的学习手段相继被提出，因此越来越多的人将其单独看作一种学习的方法。

机器学习与其他技术的关系如图 7-1 所示。

图 7-1　机器学习与其他技术的关系

随着大数据时代各行业对数据分析需求的持续增加，通过机器学习高效地获取知识已逐渐成为当今机器学习技术发展的主要推动力。如何基于机器学习对复杂多样的数据进行深层次的分析，更高效地利用信息成为当前大数据环境下机器学习研究的主要方向。所以，机器学习越来越朝着智能数据分析的方向发展。

7.1.2　机器学习的分类

1. 监督式学习概述

监督式学习（见图 7-2）拥有输入变量（自变量）和输出变量（因变量），样本数据有标签，并使用某种算法去学习从输入到输出之间的映射函数。目标是得到足够好的近似映射函数，当输入新的变量时，可以以此预测输出变量。因为算法从数据集学习的过程可以被看作一名教师在监督学习，所以称为监督式学习。监督式学习有两个主要的应用领域：分类问题和回归问题。

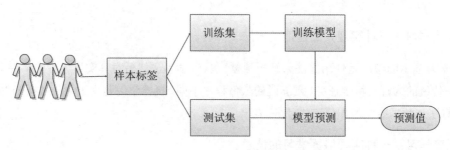

图 7-2　监督式学习

监督式学习的算法主要有：线性回归、逻辑回归、决策树、K 近邻算法、支持向量机等，本书将在第 8 章详细介绍每种算法及其案例。

2. 无监督式学习概述

无监督式学习（见图 7-3）指的是只有输入变量，没有相关的输出变量（样本数据没有标签）。目标是对数据中潜在的结构和分布建模，以便对数据进行进一步的学习。相比于监督式学习，无监督式学习没有确切的答案和学习过程。无监督式学习的应用领域主要有：聚类问题（发现内在的分组）、关联问题（各部分之间的关联和规则）和离群点检测（标记数据集中的异常值）等。

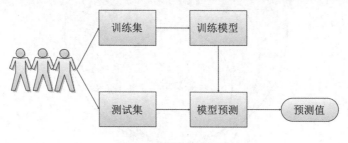

图 7-3　无监督式学习

无监督式学习的算法主要有：聚类分析、因子分析、主成分分析、关联分析、离群点检测等，本书将在第 9 章详细介绍每种算法及其案例。

3. 强化学习概述

强化学习（见图 7-4）又称再励学习、评价学习或增强学习，是机器学习的范式和方法论之一，用于描述和解决智能体在与环境交互的过程中通过学习策略达成回报最大化或实现特定目标的问题。

强化学习是从动物学习、参数扰动自适应控制等理论发展而来的，其基本原理是：如果智能体的某个行为策略导致环境正的奖赏（强化信号），那么智能体以后产生这个行为策略的趋势便会加强。智能体的目标是在每个离散状态发现最优策略以使期望的折扣奖赏和最大。

强化学习把学习看作试探评价过程，智能体选择一个动作用于环境，环境接受该动作后状态发生变化，同时产生一个强化信号（奖或惩）反馈给智能体，智能体根据强化信号和环境当前的状态再选择下一个动作，选择的原则是使受到正强化（奖）的概率增大。选择的动作不仅立即影响强化值，而且影响环境下一时刻的状态及最终的强化值。

强化学习的算法主要有：Q-Learning 算法、Sarsa 算法、Sarsa-Lambda 算法、Deep Q-Learning 算法。限于篇幅，本书将不再深入介绍，如果读者想深入了解这些内容，可以自行查阅相关的资料。

图 7-4　强化学习

7.1.3　机器学习的应用

按照消费者购买决策过程的 3 个阶段（购买前、购买中和购买后），下面将机器学习在营销领域中的应用分为市场细分、推荐系统、预测消费者行为和信息反馈 4 个应用。通过详细剖析消费者在不同阶段的心理和行为表征，更全面地了解机器学习的应用。

1. 市场细分

市场细分是企业展开营销活动的基础，机器学习中通常通过聚类算法来实现市场细分。应用聚类算法在市场细分的相关探索主要针对市场中的两个重要组成部分：消费者和产品市场。

2. 推荐系统

推荐系统能够用个性化的方式引导用户在大量可能的对象中获得有趣或有用的对象。推荐系统主要包含两种基本思想：协同筛选和基于内容的推荐。随着营销情境中文本、图像视频等非结构数据的增加，相比于传统的推荐系统方法，机器学习中的聚类和分类算法在推荐系统中发挥了重要作用。

3. 预测消费者行为

传统营销情境下，商家花费大量成本却不能满足消费者的真实需求。但是随着消费者在移动端和互联网的动态变化过程被广泛追踪，关于消费者的数据无论从类型到体量都发生了极大的转变。机器学习方法可以有效处理大量随地理位置和时间变动的数据，帮助商家全方位地了解消费者的需求波动，提高对于消费行为预测的精准度。营销领域的学者们主要应用分类和回归算法从消费偏好和流失两个方面展开预测。

4. 信息反馈

消费者的信息反馈已经成为企业决策的重要依据。通过机器学习中的主题模型、隐马尔可夫模型等文本处理技术对用户生成内容进行聚类和分类，能够从消费者的信息反馈中有效识别其潜在需求。营销学者们对于消费者信息反馈的研究一方面集中在通过消费者的反馈来了解消费者对于企业的评价，另一方面集中在消费者的信息反馈如何影响其他消费者的心理及行为。

7.2 Sklearn 机器学习概述

Sklearn 是一个非常强力的机器学习库，它包含从数据预处理到训练模型的各个方面，可以极大地节省编写代码的时间以及代码量，使我们有更多的精力去分析数据，调整模型和修改超参。本节介绍 Sklearn 的基本概念、主要算法、以及如何选择合适的算法。

7.2.1 Sklearn 的基本概念

1. 特征（Feature）

一般在机器学习中，我们常说的特征是一种对数据的表达，应该富有信息量、容易区分、具有独立性等。对于我们采集到的数据，很多情况下可能不知道怎么提取特征，或者需要提取大量的特征来进行分析。

例如，医生想通过分析脑电波图来查看病人是否患有癫痫，如果病人的癫痫发作，那么他的脑电波会出现一些不同寻常的变化，这些变化就称为放电，这个放电就是癫痫病人的特征，在脑电波图中有正常的脑电波和放电的脑电波。

2. 拟合（Fit）

拟合泛指一类数据处理的方式，包括回归等。例如，对于平面上若干已知点，拟合是构造一条光滑曲线，使得该曲线与这些点的分布最接近，曲线在整体上靠近这些点，使得误差最小。

回归一般是先提前假设曲线的形状，然后计算回归系数，使得某种意义下误差最小。在 Scikit-Learn 库中，fit() 方法用来根据给定的数据对模型进行训练和拟合。

3. 目标（Target）

目标是监督式学习的因变量，一般作为 Y 传递给评估器的 fit() 方法，也称作结果变量、理想值或标签。

在训练模型时，如果每个样本都有预期的标签或理想值，就被称为监督式学习。在训练模型时，如果每个样本都没有预期的标签或理想值，就被称作无监督式学习，例如聚类和离群点检测。

4. 评估器（Estimator）

评估器表示一个模型以及这个模型被训练和评估的方式，例如分类器、回归器、聚类器。

- 分类器（Classifier）：对于特定的输入样本，分类器总能给出有限离散值中的一个作为结果，通常继承sklearn.base包下的分类器的混合类（ClassifierMixin）。
- 回归器（Regressor）：处理连续输出值的有监督预测器，支持fit()、predict()和score()方法，回归器通常继承sklearn.base包下的回归器的混合类（RegressorMixin）。
- 聚类器（Clusterer）：属于无监督式学习算法，具有有限个离散的输出结果，聚类器提供的方法有fit()方法，通常继承sklearn.base包下的聚类器的混合类（ClusterMixin）。

5. 交叉验证（Cross Validation）

在使用机器学习算法时，往往会调用 sklearn.model_selection 模块中的 train_test_split()函数将数据集划分为训练集和测试集，调用模型的 fit()方法在训练集上进行训练，再调用模型的 score()方法在测试集上进行评分。

调用上述方法对模型进行评估，容易因为数据集划分不合理而影响评分结果，从而导致单次评分结果可信度不高。这时可以使用不同的划分评估几次，然后计算所有评分的平均值。

交叉验证正是用来实现这个需求的技术，该技术会反复对数据集进行划分，并使用不同的划分对模型进行评分，可以更好地评估模型的泛化质量。

6. 特征提取器（Feature Extractor）

特征提取器把样本映射到固定长度的数据（如数组、列表、元组以及只包含数值的pandas.DataFrame 和 pandas.Series 对象），提供 fit()、transform()和 get_feature_names()等方法。

7.2.2　Sklearn 的主要算法

在 Sklearn 中，有分类、回归、聚类、降维、模型选择以及预处理等常用模块。

1. 分类算法

分类是标识对象所属的类别，适合垃圾邮件检测、图像识别等场景，Sklearn 中有决策树、K近邻、支持向量机等分类算法。

决策树（Decision Tree）算法的调用代码如下：

```
from sklearn import tree
clf = tree.DecisionTreeClassifier()
```

K 近邻（KNN）算法的调用代码如下：

```
from sklearn import neighbors
clf = neighbors.KNeighborsClassifier(n_neighbors, weights=weights)
```

支持向量机（SVM）算法的调用代码如下：

```
from sklearn import svm
clf = svm.SVC()
```

线性判别分析（LDA）算法的调用代码如下：

```
from sklearn.discriminant_analysis import LinearDiscriminantAnalysis
lda = LinearDiscriminantAnalysis(solver="svd", store_covariance=True)
```

二次判别分析（QDA）算法的调用代码如下：

```
from sklearn.discriminant_analysis import QuadraticDiscriminantAnalysis
qda = QuadraticDiscriminantAnalysis(store_covariances=True)
```

神经网络（NN）算法的调用代码如下：

```
from sklearn.neural_network import MLPClassifier
clf = MLPClassifier(solver='lbfgs', alpha=1e-5, hidden_layer_sizes=(5, 2),
random_state=1)
```

朴素贝叶斯（Naive Bayes）算法的调用代码如下：

```
from sklearn.naive_bayes import GaussianNB
gnb = GaussianNB()
```

Bagging（Bootstrap Aggregating）算法的调用代码如下：

```
from sklearn.ensemble import BaggingClassifier
from sklearn.neighbors import KNeighborsClassifier
bagging = BaggingClassifier(KNeighborsClassifier(),max_samples=0.5,
max_features=0.5)
```

随机森林（Random Forest）算法的调用代码如下：

```
from sklearn.ensemble import RandomForestClassifier
clf = RandomForestClassifier(n_estimators=10)
```

AdaBoost（Adaptive Boosting）算法的调用代码如下：

```
from sklearn.ensemble import AdaBoostClassifier
clf = AdaBoostClassifier(n_estimators=100)
```

GBDT（Gradient Boosting Decision Tree）算法的调用代码如下：

```
from sklearn.ensemble import GradientBoostingClassifier
clf = GradientBoostingClassifier(n_estimators=100, learning_rate=1.0,
max_depth=1, random_state=0).fit(X_train, y_train)
```

2. 回归算法

预测与对象关联的连续值属性，适合药物反应、股票价格的预测等场景，Sklearn 中有最小二乘回归、逻辑回归、岭回归、套索回归、支持向量机回归等回归算法。

最小二乘回归（OLS）算法的调用代码如下：

```
from sklearn import linear_model
reg = linear_model.LinearRegression()
```

逻辑回归（Logistic Regression）算法的调用代码如下：

```
from sklearn.linear_model import LogisticRegression
clf_l1_LR = LogisticRegression(C=C, penalty='l1', tol=0.01)
clf_l2_LR = LogisticRegression(C=C, penalty='l2', tol=0.01)
```

岭回归（Ridge Regression）算法的调用代码如下：

```
from sklearn import linear_model
reg = linear_model.Ridge (alpha = .5)
```

核岭回归（Kernel Ridge Regression）算法的调用代码如下：

```
from sklearn.kernel_ridge import KernelRidge
KernelRidge(kernel='rbf', alpha=0.1, gamma=10)
```

套索回归（Lasso）算法的调用代码如下：

```
from sklearn import linear_model
reg = linear_model.Lasso(alpha = 0.1)
```

支持向量机回归（SVR）算法的调用代码如下：

```
from sklearn import svm
clf = svm.SVR()
```

弹性网络回归（Elastic Net）算法的调用代码如下：

```
from sklearn.linear_model import ElasticNet
regr = ElasticNet(random_state=0)
```

贝叶斯回归（Bayesian Regression）算法的调用代码如下：

```
from sklearn import linear_model
reg = linear_model.BayesianRidge()
```

稳健回归（Robustness Regression）算法的调用代码如下：

```
from sklearn import linear_model
ransac = linear_model.RANSACRegressor()
```

多项式回归（Polynomial Regression）算法的调用代码如下：

```
from sklearn.preprocessing import PolynomialFeatures
poly = PolynomialFeatures(degree=2)
poly.fit_transform(X)
```

偏最小二乘回归（Partial Least Squares Regression，PLSR）算法的调用代码如下：

```
from sklearn.cross_decomposition import PLSCanonical
PLSCanonical(algorithm='nipals', copy=True, max_iter=500, n_components=2,
scale=True, tol=1e-06)
```

典型相关分析（Canonical Correlation Analysis，CCA）算法的调用代码如下：

```
from sklearn.cross_decomposition import CCA
cca = CCA(n_components=2)
```

3. 聚类算法

自动将相似对象归为一组，适合客户细分、分组实验结果等场景，Sklearn 中有 K 均值、层次聚类等聚类算法。

KMeans 算法的调用代码如下：

```
from sklearn.cluster import KMeans
kmeans = KMeans(init='k-means++', n_clusters=n_digits, n_init=10)
```

层次聚类（Hierarchical Clustering）算法的调用代码如下：

```
from sklearn.cluster import AgglomerativeClustering
model = AgglomerativeClustering(linkage=linkage,
connectivity=connectivity, n_clusters=n_clusters)
```

4. 降维算法

减少要考虑的随机变量的数量，适合可视化，提高代码执行效率，Sklearn 中有主成分分析、核主成分分析、因子分析等降维算法。

主成分分析（Principal Component Analysis，PCA）算法的调用代码如下：

```
from sklearn.decomposition import PCA
pca = PCA(n_components=2)
```

核主成分分析（Kernel Principal Component Analysis）算法的调用代码如下：

```
from sklearn.decomposition import KernelPCA
kpca = KernelPCA(kernel="rbf", fit_inverse_transform=True, gamma=10)
```

因子分析（Factor Analysis）算法的调用代码如下：

```
from sklearn.decomposition import FactorAnalysis
fa = FactorAnalysis()
```

7.2.3　选择合适的算法

通常在 Sklearn 中，使用机器学习算法最困难的是找到合适的模型，这是因为不同的模型适合不同类型的数据和问题。下面的算法选择路径图旨在为数据分析师指出一些粗略的方向，指导他们快速合理地选择模型，如图 7-5 所示。

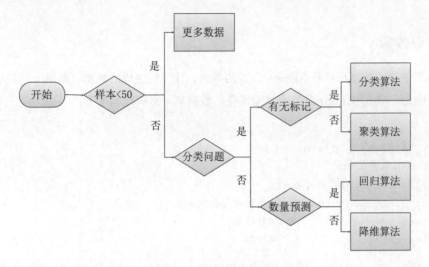

图 7-5　算法选择路径图

7.3　Sklearn 机器学习流程

Sklearn 中虽然包含众多的机器学习算法，但是各种学习方法的流程大致相同。下面以"鸢尾花"数据集（iris）为例介绍 Sklearn 机器学习的一般流程，如图 7-6 所示。

图 7-6　算法流程

"鸢尾花"数据集内包含 3 类共 150 条记录，每类都有 50 条记录，每条记录都有 4 项特征：花萼长度、花萼宽度、花瓣长度、花瓣宽度，我们可以通过这 4 个特征预测鸢尾花卉属于 0（Setosa）、1（Versicolour）、2（Virginica）三个种类中的哪一类，数据如表 7-1 所示。

表 7-1　"鸢尾花"数据集

ID	Sepal.Length	Sepal.Width	Petal.Length	Petal.Width	Species
1	5.1	3.5	1.4	0.2	0
2	4.9	3	1.4	0.2	0
3	4.7	3.2	1.3	0.2	0
…	…	…	…	…	…
51	7	3.2	4.7	1.4	1
52	6.4	3.2	4.5	1.5	1
53	6.9	3.1	4.9	1.5	1
…	…	…	…	…	…

7.3.1 获取数据

机器学习的建模数据可以是 Sklearn 自带的数据、计算机生成的数据、网络上的数据、文件中的数据等。例如，导入 Sklearn 自带的"鸢尾花"数据集，示例代码如下：

```
import numpy as np
import matplotlib.pyplot as plt
import pandas as pd
from sklearn import datasets
iris=datasets.load_iris()      #导入鸢尾数据集
iris.data                      #数据集
iris['target']                 #标签

df=pd.DataFrame(iris.data)
df['target']=iris.target       #把标签集插入最后一列
df
```

运行上述代码，输出如下：

```
    0   1   2   3   target
0   5.1 3.5 1.4 0.2 0
1   4.9 3.0 1.4 0.2 0
2   4.7 3.2 1.3 0.2 0
3   4.6 3.1 1.5 0.2 0
4   5.0 3.6 1.4 0.2 0
... ... ... ... ... ...
145 6.7 3.0 5.2 2.3 2
146 6.3 2.5 5.0 1.9 2
147 6.5 3.0 5.2 2.0 2
148 6.2 3.4 5.4 2.3 2
149 5.9 3.0 5.1 1.8 2

150 rows × 5 columns
```

7.3.2 预处理数据

获取数据后，就需要进行数据的预处理，包括数据的标准化、归一化、二值化、非线性转换、数据特征编码、处理缺失数据等。下面对"鸢尾花"数据集进行预处理，示例代码如下：

```
from sklearn import preprocessing
scaler=preprocessing.MinMaxScaler()      #MinMaxScaler()函数把样本缩放到 0~1
scaler.fit(iris.data)         #fit()函数可以找到数据的整体指标，如平均值、方差等
data=scaler.transform(iris.data)         #transform()函数对数据进行标准化处理
```

```
df=pd.DataFrame(data)
df['target']=iris.target        #把标签集插入最后一列
df
```

运行上述代码，输出如下：

	0	1	2	3	target
0	0.222222	0.625000	0.067797	0.041667	0
1	0.166667	0.416667	0.067797	0.041667	0
2	0.111111	0.500000	0.050847	0.041667	0
3	0.083333	0.458333	0.084746	0.041667	0
4	0.194444	0.666667	0.067797	0.041667	0
...	...	...	...	...	...
145	0.666667	0.416667	0.711864	0.916667	2
146	0.555556	0.208333	0.677966	0.750000	2
147	0.611111	0.416667	0.711864	0.791667	2
148	0.527778	0.583333	0.745763	0.916667	2
149	0.444444	0.416667	0.694915	0.708333	2

```
150 rows × 5 columns
```

7.3.3　训练模型

根据问题特点选择适当的评估器，对于"鸢尾花"数据集的分类，我们这里选择支持向量机（SVM）模型，示例代码如下：

```
from sklearn.model_selection import train_test_split
target = iris['target']

X_train,X_test,y_train,y_test=train_test_split(data,target,test_size=0.3,r
andom_state=2)                    #把样本划分为训练集和测试集
#print(len(X_train))
#print(len(X_test))                #查看训练集和测试集的样本数量

from sklearn import svm
ss=svm.SVC(kernel='linear',C=1.0,probability=True)    #linear 表示线性核函数，
probability 表示是否采用概率估计
ss.fit(X_train,y_train)            #用训练集训练模型
ss.predict(X_test)                 #预测训练集
#查看参数
ss.get_params()
ss.predict_proba(X_test)           #查看样本属于每个类型的概率
print(ss.score(X_test,y_test))     #查看模型预测的准确率
```

运行上述代码，输出如下：

```
0.9777777777777777
```

7.3.4 评估模型

在 Scikit-Learn 的 model_selection 模块中，除了可以调用 score()函数简单地评估模型的质量外，在 sklearn.metrics 模块中还针对不同的问题类型提供了各种评估指标，用户也可以自定义评估指标，示例代码如下：

```
#导入相关包或库
from sklearn.metrics import classification_report
print(classification_report(target,ss.predict(data),target_names=iris.target_names))
```

运行上述代码，输出如下：

```
               precision    recall   f1-score   support

      setosa        1.00      1.00       1.00        50
  versicolor        0.92      0.96       0.94        50
   virginica        0.96      0.92       0.94        50

    accuracy                             0.96       150
   macro avg        0.96      0.96       0.96       150
weighted avg        0.96      0.96       0.96       150
```

7.3.5 优化模型

优化模型的方法包括网格搜索法、随机搜索法、模型特定交叉验证、信息准则优化。其中，网格搜索法在指定的超参数空间中对每一种可能的情况进行交叉验证评分并选出最好的超参数组合，优化模型的内容将在第 10 章介绍，示例代码如下：

```
from sklearn import svm
from sklearn.model_selection import GridSearchCV

#超参数空间
param_grid=[{'C':[0.1,1,10,100,1000],'kernel':['linear']},
        {'C':[0.1,1,10,100,1000],'gamma':[0.001,0.01],'kernel':['rbf']}]

#打分函数
scoring='accuracy'

#训练模型
ss=GridSearchCV(svm.SVC(),param_grid,scoring=scoring,cv=10)  #优化分类器
ss.fit(X_train,y_train)          #用数据训练分类器
print(ss.best_score_)            #查看最优得分
```

运行上述代码，模型的最优得分输出如下：

```
0.97
```

7.3.6　应用模型

可以使用 Python 内置的 pickle 模块获取训练好的模型，并保存到本地，以便以后使用。对于 Sklearn 来说，可以导入 joblib 模块，示例代码如下：

```
import joblib
joblib.dump(filename='ss.model',value=ss) #把模型保存到文件中,filename 为文件名,
```
前提是必须存在这个文件，value=模型名
```
svm_model=joblib.load('ss.model')   #加载模型

#对本地模型进行预测
print(svm_model.predict(X_test))
print(svm_model.score(X_test,y_test))
```

运行上述代码，模型预测及得分输出如下：

```
[0 0 2 0 0 2 0 2 2 0 0 0 0 0 0 1 1 0 1 2 1 2 1 2 1 1 0 0 2 0 2 2 0 1 2 1 0 2 1
1 2 1 1 2 1 0]
0.9777777777777777
```

7.4　Sklearn 自带的数据集

Sklearn 内置了一些机器学习的数据集，其中包括鸢尾花数据集、乳腺癌数据集、波士顿房价数据集、糖尿病数据集、手写数字数据集和酒质量数据集等。本节将具体介绍这些数据集，包括如何导入和查看数据集的相关信息。

7.4.1　鸢尾花数据集简介

"鸢尾花"数据集是一个经典数据集，在统计学习和机器学习领域都经常被用作示例。数据集内包含 3 类共 150 条记录，每类各 50 个数据。

首先需要导入"鸢尾花"数据集，然后查看数据集的属性，代码如下：

```
from sklearn import datasets
iris = datasets.load_iris()
print(iris.keys())
```

输出结果如下：

```
dict_keys(['data', 'target', 'frame', 'target_names', 'DESCR',
'feature_names', 'filename'])
```

查看数据集的详细数据，代码如下：

```
import pandas as pd
pd.DataFrame(iris.data).head()
```

输出结果如下：

```
     0      1      2      3
0   5.1    3.5    1.4    0.2
1   4.9    3.0    1.4    0.2
2   4.7    3.2    1.3    0.2
3   4.6    3.1    1.5    0.2
4   5.0    3.6    1.4    0.2
```

查看数据集的目标标签，代码如下：

```
print(iris.target)
```

输出结果如下：

```
[0 0 0 0 0 0 0 0 0 0 0 0 0 0 0 0 0 0 0 0 0 0 0 0 0 0 0 0 0 0 0 0 0 0 0 0 0
 0 0 0 0 0 0 0 0 0 0 0 0 1 1 1 1 1 1 1 1 1 1 1 1 1 1 1 1 1 1 1 1 1 1 1 1 1
 1 1 1 1 1 1 1 1 1 1 1 1 1 1 1 1 1 1 1 1 1 1 1 1 1 2 2 2 2 2 2 2 2 2 2 2 2
 2 2 2 2 2 2 2 2 2 2 2 2 2 2 2 2 2 2 2 2 2 2 2 2 2 2 2 2 2 2 2 2 2 2 2 2 2]
```

查看数据集的目标，代码如下：

```
print(iris.target_names)
```

输出结果如下：

```
['setosa' 'versicolor' 'virginica']
```

查看数据集的描述信息，代码如下：

```
print(iris.DESCR)
```

输出结果如下：

```
.. _iris_dataset:
Iris plants dataset
--------------------
**Data Set Characteristics:**

    :Number of Instances: 150 (50 in each of three classes)
    :Number of Attributes: 4 numeric, predictive attributes and the class
    :Attribute Information:
…    …    …    …    …    …
```

查看数据集的特征字段，代码如下：

```
print(iris.feature_names)
```

输出结果如下：

```
['sepal length (cm)', 'sepal width (cm)', 'petal length (cm)', 'petal width
(cm)']
```

查看数据集的路径，代码如下：

```
print(iris.filename)
```

输出结果如下：

```
f:\uninstall\python39\lib\site-packages\sklearn\datasets\data\iris.csv
```

7.4.2　乳腺癌数据集简介

乳腺癌数据集的数据量是 569 条，实例中包括诊断类和属性，用数据集的 70%作为训练集，数据集的 30%作为测试集，训练集和测试集中都包括特征和诊断类。

导入数据集，查看数据集的属性，代码如下：

```
from sklearn import datasets
breast_cancer = datasets.load_breast_cancer()

print('******数据集的属性******')
print(breast_cancer.keys())
```

输出结果如下：

```
******数据集的属性******
dict_keys(['data', 'target', 'frame', 'target_names', 'DESCR',
'feature_names', 'filename'])
```

接下来，我们可以根据数据的具体属性进行查看，示例代码如下：

```
print('\n******数据集的数据******')
print(breast_cancer.data)

print('\n******数据集的目标标签******')
print(breast_cancer.target)

print('\n******数据集的框架******')
print(breast_cancer.frame)

print('\n******数据集的目标名称******')
print(breast_cancer.target_names)

print('\n******数据集的描述******')
```

```
print(breast_cancer.DESCR)

print('\n******数据集的字段******')
print(breast_cancer.feature_names)

print('\n******数据集的路径******')
print(breast_cancer.filename)
```

运行上述代码，就会输出数据集的属性信息，其中数据集的字段信息输出如下：

```
******数据集的字段******
['mean radius' 'mean texture' 'mean perimeter' 'mean area'
 'mean smoothness' 'mean compactness' 'mean concavity'
 'mean concave points' 'mean symmetry' 'mean fractal dimension'
 'radius error' 'texture error' 'perimeter error' 'area error'
 'smoothness error' 'compactness error' 'concavity error'
 'concave points error' 'symmetry error' 'fractal dimension error'
 'worst radius' 'worst texture' 'worst perimeter' 'worst area'
 'worst smoothness' 'worst compactness' 'worst concavity'
 'worst concave points' 'worst symmetry' 'worst fractal dimension']
```

7.4.3 波士顿房价数据集简介

波士顿房价数据集包含美国人口普查局收集的美国马萨诸塞州波士顿住房价格的有关信息，数据集只有 506 条记录。

导入数据集，查看数据集的属性，代码如下：

```
from sklearn import datasets
boston = datasets.load_boston()

print('******数据集的属性******')
print(boston.keys())
```

输出结果如下：

```
******数据集的属性******
dict_keys(['data', 'target', 'feature_names', 'DESCR', 'filename'])
```

接下来，我们可以根据数据集的具体属性进行查看，示例代码如下：

```
print('\n******数据集的数据******')
print(boston.data)

print('\n******数据集的目标标签******')
print(boston.target)
```

```
print('\n******数据集的描述******')
print(boston.DESCR)

print('\n******数据集的字段******')
print(boston.feature_names)

print('\n******数据集的路径******')
print(boston.filename)
```

运行上述代码，就会输出数据集的属性信息，其中数据集的字段信息输出如下：

```
******数据集的字段******
['CRIM' 'ZN' 'INDUS' 'CHAS' 'NOX' 'RM' 'AGE' 'DIS' 'RAD' 'TAX' 'PTRATIO' 'B'
'LSTAT']
```

7.4.4　糖尿病数据集简介

糖尿病数据集是关于 442 名糖尿病患者的数据，包括患者的年龄、性别、体重指数、平均血压和 6 次血清测量值。首先导入数据集，查看数据集的属性，代码如下：

```
from sklearn import datasets
diabetes = datasets.load_diabetes()

print('******数据集的属性******')
print(diabetes.keys())
```

输出结果如下：

```
******数据集的属性******
dict_keys(['data', 'target', 'frame', 'DESCR', 'feature_names',
'data_filename', 'target_filename'])
```

接下来，我们可以根据数据集的具体属性进行查看，示例代码如下：

```
print('\n******数据集的数据******')
print(diabetes.data)

print('\n******数据集的目标标签******')
print(diabetes.target)

print('\n******数据集的框架******')
print(diabetes.frame)

print('\n******数据集的描述******')
print(diabetes.DESCR)
```

```python
print('\n******数据集的字段******')
print(diabetes.feature_names)

print('\n******数据集的数据文件路径******')
print(diabetes.data_filename)

print('\n******数据集的目标文件路径******')
print(diabetes.target_filename)
```

运行上述代码，就会输出数据集的属性信息，其中数据集的字段信息输出如下：

```
******数据集的字段******
['age', 'sex', 'bmi', 'bp', 's1', 's2', 's3', 's4', 's5', 's6']
```

7.4.5　手写数字数据集简介

手写数字数据集有 1797 个样本，每个样本包括 8×8 像素的图像和一个[0,9]整数的标签。
导入数据集，查看数据集的属性，代码如下：

```python
from sklearn import datasets
digits = datasets.load_digits()

print('******数据集的属性******')
print(digits.keys())
```

输出结果如下：

```
******数据集的属性******
dict_keys(['data', 'target', 'frame', 'feature_names', 'target_names',
'images', 'DESCR'])
```

接下来，我们可以根据数据集的具体属性进行查看，示例代码如下：

```python
print('\n******数据集的数据******')
print(digits.data)

print('\n******数据集的目标标签******')
print(digits.target)

print('\n******数据集的框架******')
print(digits.frame)

print('\n******数据集的目标名称******')
print(digits.target_names)

print('\n******数据集的描述******')
```

```
print(digits.DESCR)

print('\n******数据集的字段******')
print(digits.feature_names)

print('\n******数据集的图片数据******')
print(digits.images)
```

运行上述代码，就会输出数据集的属性信息，其中数据集的字段信息输出如下：

```
******数据集的字段******
['pixel_0_0', 'pixel_0_1', 'pixel_0_2', 'pixel_0_3', 'pixel_0_4', 'pixel_0_5',
'pixel_0_6', 'pixel_0_7', 'pixel_1_0', 'pixel_1_1', 'pixel_1_2', 'pixel_1_3',
'pixel_1_4', 'pixel_1_5', 'pixel_1_6', 'pixel_1_7', 'pixel_2_0', 'pixel_2_1',
'pixel_2_2', 'pixel_2_3', 'pixel_2_4', 'pixel_2_5', 'pixel_2_6', 'pixel_2_7',
'pixel_3_0', 'pixel_3_1', 'pixel_3_2', 'pixel_3_3', 'pixel_3_4', 'pixel_3_5',
'pixel_3_6', 'pixel_3_7', 'pixel_4_0', 'pixel_4_1', 'pixel_4_2', 'pixel_4_3',
'pixel_4_4', 'pixel_4_5', 'pixel_4_6', 'pixel_4_7', 'pixel_5_0', 'pixel_5_1',
'pixel_5_2', 'pixel_5_3', 'pixel_5_4', 'pixel_5_5', 'pixel_5_6', 'pixel_5_7',
'pixel_6_0', 'pixel_6_1', 'pixel_6_2', 'pixel_6_3', 'pixel_6_4', 'pixel_6_5',
'pixel_6_6', 'pixel_6_7', 'pixel_7_0', 'pixel_7_1', 'pixel_7_2', 'pixel_7_3',
'pixel_7_4', 'pixel_7_5', 'pixel_7_6', 'pixel_7_7']
```

7.4.6　红酒数据集简介

红酒数据集包含来自 3 种不同起源的葡萄酒的共 178 条记录（共 178 种葡萄酒），13 个属性是葡萄酒的 13 种化学成分，通过化学分析可以推断葡萄酒的起源。

导入数据集，查看数据集的属性，代码如下：

```
from sklearn import datasets
wine = datasets.load_wine()

print('******数据集的属性******')
print(wine.keys())
```

输出结果如下：

```
******数据集的属性******
dict_keys(['data', 'target', 'frame', 'target_names', 'DESCR',
'feature_names'])
```

接下来，我们可以根据数据集的具体属性进行查看，示例代码如下：

```
print('\n******数据集的数据******')
print(wine.data)
```

```
print('\n******数据集的目标标签******')
print(wine.target)

print('\n******数据集的框架******')
print(wine.frame)

print('\n******数据集的目标名称******')
print(wine.target_names)

print('\n******数据集的描述******')
print(wine.DESCR)

print('\n******数据集的字段******')
print(wine.feature_names)
```

运行上述代码，就会输出数据集的属性信息，其中数据集的字段信息输出如下：

```
******数据集的字段******
['alcohol', 'malic_acid', 'ash', 'alcalinity_of_ash', 'magnesium',
'total_phenols', 'flavanoids', 'nonflavanoid_phenols', 'proanthocyanins',
'color_intensity', 'hue', 'od280/od315_of_diluted_wines', 'proline']
```

7.5 小结与课后练习

本章要点

1. 阐述了机器学习及 Sklearn 库的基本概念和主要算法等。
2. 通过实际案例介绍了如何使用 Sklearn 库进行机器学习。
3. 逐一介绍了 Sklearn 库自带的 6 个常用机器学习数据集。

课后练习

练习 1：阐述机器学习的特点、分类和应用领域，以及与人工智能的关系。

练习 2：阐述 Sklearn 机器学习库的主要算法，以及如何选择合适的算法。

练习 3：阐述 Sklearn 机器学习库的建模流程，以及每个步骤的注意事项。

第 **8** 章

监督式机器学习

监督式机器学习的目标是学习一个函数，该函数在给定样本数据和期望输出的情况下，最接近数据中可观察到的输入和输出之间的关系，常用算法包括回归分析、逻辑回归、决策树和支持向量机等。本章通过案例介绍一些重要的监督式机器学习算法。

8.1 线性回归及其案例

线性回归主要用来解决连续性数值预测的问题，它目前在经济、金融、社会、医疗等领域都有广泛的应用。本节介绍线性回归模型，以及汽车价格的预测案例。

8.1.1 线性回归简介

回归分析是研究一个变量（被解释变量，即因变量）与另一个或几个变量（解释变量，即自变量）的具体依赖关系的计算方法和理论。从一组样本数据出发，确定变量之间的数学关系式，并对这些关系式的可信程度进行各种统计检验，从影响某一特定变量的诸多变量中找出哪些变量的影响显著，哪些不显著。利用所求的关系式，根据一个或几个变量的取值来预测或控制另一个特定变量的取值，同时给出这种预测或控制的精确程度。

例如，我们要研究的有关吸烟对死亡率和发病率影响的早期证据来自采用了回归分析的观察性研究。为了在分析观测数据时减少伪相关，除最感兴趣的变量之外，通常研究人员还会在他们的回归模型中包括一些额外变量。例如，假设有一个回归模型，在这个回归模型中，吸烟行为是我们最感兴趣的独立变量，其相关变量是经数年观察得到的吸烟者寿命。

研究人员可能将社会经济地位当成一个额外的独立变量，以确保任何经观察所得的吸烟对寿命的影响不是由于教育或收入差异引起的。然而，我们不可能把所有可能混淆结果的变量都加入实证分析中。例如，某种不存在的基因可能会增加人死亡的概率，还会让人的吸烟量增加。因此，比起采用观察数据的回归分析得出的结论，随机对照试验常能产生更令人信服的因果关系证据。

此外，回归分析还在以下诸多方面得到了很好的应用：

- 客户需求预测：通过海量的买家和卖家交易数据等对未来商品的需求进行预测。
- 电影票房预测：通过历史票房数据、影评数据等公众数据对电影票房进行预测。
- 湖泊面积预测：通过研究湖泊面积变化的多种影响因素构建湖泊面积预测模型。
- 房地产价格预测：利用相关历史数据分析影响商品房价格的因素并进行模型预测。
- 股价波动预测：公司在搜索引擎中的搜索量代表了该股票被投资者关注的程度。
- 人口增长预测：通过历史数据分析影响人口增长的因素，对未来人口数进行预测。

8.1.2 线性回归的建模

线性回归（Linear Regression）是利用回归方程（函数）对一个或多个自变量（特征值）和因变量（目标值）之间的关系进行建模的一种分析方式。线性回归就是能够用一个直线较为精确地描述数据之间的关系。这样当出现新的数据的时候，就能够预测出一个简单的值。线性回归中常见的是房屋面积和房价的预测问题。只有一个自变量的情况称为一元回归，大于一个自变量的情况称为多元回归。

多元线性回归模型是日常工作中应用频繁的模型，公式如下：

$$y = \beta_0 + \beta_1 x_1 + \beta_2 x_2 + \ldots + \beta_k x_k + \varepsilon$$

其中，$x_1 \ldots x_k$ 是自变量，y 是因变量，β_0 是截距，$\beta_1 \ldots \beta_k$ 是变量回归系数，ε 是误差项的随机变量。

对于误差项有如下几个假设条件：

- 误差项 ε 是一个期望为 0 的随机变量。
- 对于自变量的所有值，ε 的方差都相同。
- 误差项 ε 是一个服从正态分布的随机变量，且相互独立。

如果想让我们的预测值尽量准确，就必须让真实值与预测值的差值最小，即让误差平方和最小，用公式来表达如下，具体推导过程可参考相关的资料。

$$J(\beta) = \sum (y - X\beta)^2$$

损失函数只是一种策略，有了策略，我们还要用适合的算法进行求解。在线性回归模型中，求解损失函数就是求与自变量相对应的各个回归系数和截距。有了这些参数，我们才能实现模型的预测（输入 x，给出 y）。

对于误差平方和损失函数的求解方法有很多，典型的如最小二乘法、梯度下降法等。因此，通过以上的异同点总结如下：

最小二乘法的特点：

- 得到的是全局最优解，因为一步到位，直接求极值，所以步骤简单。
- 线性回归的模型假设，这是最小二乘法的优越性前提，否则不能推出最小二乘是最佳（方差最小）的无偏估计。

梯度下降法的特点：

- 得到的是局部最优解，因为是一步一步迭代的，而非直接求得极值。
- 既可以用于线性模型，又可以用于非线性模型，没有特殊的限制和假设条件。

在回归分析过程中，还需要进行线性回归诊断，回归诊断是对回归分析中的假设以及数据的检验与分析，主要的衡量值是判定系数和估计标准误差。

（1）判定系数

回归直线与各观测点的接近程度成为回归直线对数据的拟合优度。而评判直线拟合优度需要一些指标，其中一个就是判定系数。

我们知道，因变量 y 值有来自两个方面的影响：

- 来自 x 值的影响，也就是我们预测的主要依据。
- 来自无法预测的干扰项 ε 的影响。

如果一个回归直线预测得非常准确，它就需要让来自 x 的影响尽可能大，而让来自无法预测干扰项的影响尽可能小，也就是说 x 影响的占比越高，预测效果就越好。下面我们来看如何定义这些影响，并形成指标。

$$SST = \sum \left(y_i - \overline{y}\right)^2$$
$$SSR = \sum \left(\widehat{y_i} - \overline{y}\right)^2$$
$$SSE = \sum \left(y_i - \widehat{y}\right)^2$$

- SST（总平方和）：误差的总平方和。
- SSR（回归平方和）：由 x 与 y 之间的线性关系引起 y 的变化，反映了回归值的分散程度。
- SSE（残差平方和）：除 x 影响之外的其他因素引起 y 的变化，反映了观测值偏离回归直线的程度。
- 总平方和、回归平方和、残差平方和三者之间的关系如图8-1所示。

它们之间的关系是：SSR 越高，则代表回归预测越准确，观测点越靠近直线，即越大，直线拟合越好。因此，判定系数的定义就自然地引出来了，我们一般称为 R^2。

$$R^2 = \frac{SSR}{SST} = 1 - \frac{SSE}{SST}$$

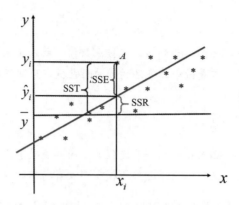

图 8-1 线性回归

（2）估计标准误差

判定系数 R^2 的意义是由 x 引起的影响占总影响的比例来判断拟合程度的。当然，我们也可以从误差的角度去评估，也就是用残差 SSE 进行判断。估计标准误差是均方残差的平方根，可以度量实际观测点在直线周围散布的情况。

$$S_\varepsilon = \sqrt{\frac{\text{SSE}}{n-2}} = \sqrt{\text{MSE}}$$

估计标准误差与判定系数相反，S_ε 反映了预测值与真实值之间误差的大小。误差越小，就说明拟合度越高；相反，误差越大，就说明拟合度越低。

此外，用最小二乘法求出的回归直线并不需要 y 与 x 一定具有线性相关关系，如果 y 与 x 之间不存在某种线性相关关系，那么这种直线是没有意义的，这就需要对 y 与 x 的线性回归方程进行假设检验，即检验 x 的变化对变量 y 的影响是否显著，这个问题可利用线性相关的显著性检验来解决。

例如，在一元线性回归方程 $y=a+bx+\varepsilon$ 中，因为当且仅当 $b \neq 0$ 时，变量 y 与 x 之间存在线性相关关系，所以我们需要检验假设：

$$H_0 : b=0; \quad H_1 : b \neq 0$$

若拒绝 H_0，则认为 y 与 x 之间存在线性关系，所求得的线性回归方程有意义，如果接受 H_0，则认为 y 与 x 的关系不能用一元线性回归模型来表示，所求得的线性回归方程无意义。

关于上述假设的检验，我们介绍两种常用的检验法。

方法一：方差分析法（F检验法）

通过对 SSE 和 SSR 的分析，可知它们的比值反映了这种线性相关关系与随机因素对 y 的影响的大小，比值越大，线性相关性越强，可证明统计量：

$$F = \frac{\dfrac{\text{SSR}}{1}}{\dfrac{\text{SSE}}{n-2}} \sim F(1, n-2)$$

给定显著性水平 α（通常是 5%），若 $F \geqslant F_\alpha$，则拒绝假设 H_0，即认为在显著性水平 α 下，y 对 x 的线性相关关系是显著的，反之，则认为 y 对 x 没有线性相关关系，即所求线性回归方程无实际意义。在检验时，可以使用方差分析表，如表 8-1 所示。

表 8-1　方差分析表

方差来源	平 方 和	自 由 度	均　方	F 比
回归 残差	SSR SSE	1 $n-2$	SSR$/1$ SSE$/(n-2)$	$F = \dfrac{\text{SSR}}{\dfrac{\text{SSE}}{n-2}}$
总计	SST	$n-1$		

方法二：相关系数法（t检验法）

为了检验线性回归直线是否显著，还可以用 x 与 y 之间的相关系数 r 来检验。提出检验假设：

$$H_0: r=0; \quad H_1: r \neq 0$$

可以证明，当 H_0 为真时：

$$t = \frac{r}{\sqrt{1-r^2}}\sqrt{n-2} \sim t(n-2)$$

故 H_0 的拒绝域为：

$$t \geqslant t_{\frac{a}{2}}(n-2)$$

如果拒绝 H_0，即两个变量的线性相关性显著。

在一元线性回归预测中，相关系数检验与 F 检验法等价，在实际应用中只需要进行其中一种检验即可。

8.1.3　汽车价格的预测

下面是某汽车销售商销售的不同类型汽车的数据集，包括汽车的制造商、燃料类型、发动机的位置和类型等 19 个参数，如表 8-2 所示。

表 8-2　汽车数据集

ID	字 段 名	含 　义
1	id	编号
2	make	制造商
3	fuel-type	燃料类型
4	num-of-doors	门数
5	body-style	车身样式
6	drive-wheels	驱动轮
7	engine-location	发动机位置

（续表）

ID	字 段 名	含 义
8	wheel-base	轴距
9	length	长度
10	width	宽度
11	height	高度
12	weight	重量
13	engine-type	发动机类型
14	num-of-cylinders	气缸数
15	engine-size	引擎大小
16	fuel-system	燃油系统
17	horsepower	马力
18	peak-rpm	峰值转速
19	price	价格

下面通过汽车的马力（horsepower）、宽度（width）、高度（height）来预测汽车的价格（price）。首先导入汽车数据集，示例代码如下：

```
#导入相关包或库
import numpy as np
import pandas as pd

#获取数据
auto = pd.read_csv(r"D:\Python 数据分析与机器学习全视频案例\ch08\auto.csv",
header=None)

#设置数据列标签
auto.columns =['id','make','fuel-type','num-of-doors','body-style',
'drive-wheels','engine-location','wheel-base','length','width','height',
'weight','engine-type','num-of-cylinders','engine-size','fuel-system',
'horsepower','peak-rpm','price']

print('数据维数:{}'.format(auto.shape))
```

运行上述代码，输出结果如下：

```
数据维数:(205, 19)
```

由于我们这里使用马力、宽度、高度来预测汽车的价格，因此只需要保留 price、horsepower、width 和 height，其他变量可以丢弃，示例代码如下：

```
auto = auto[['price','horsepower','width','height']]
```

由分析可知，数据集中有 '?' 数据，表示不知道具体的信息，我们这里使用直接删除的方式处理缺失值，示例代码如下：

```
auto = auto.replace('?', np.nan).dropna()
print('数据维数:{}'.format(auto.shape))
```

输出结果如下:

数据维数:(199, 4)

汽车数据集清洗后的数据只有 199 行 4 列,查看新数据集的代码如下:

```
auto
```

输出结果如下:

```
     price  horsepower  width   height
0    13495  111         64.1    48.8
1    16500  111         64.1    48.8
2    16500  154         65.5    52.4
3    13950  102         66.2    54.3
4    17450  115         66.4    54.3
... ...     ...         ...     ...
200  16845  114         68.9    55.5
201  19045  160         68.8    55.5
202  21485  134         68.9    55.5
203  22470  106         68.9    55.5
204  22625  114         68.9    55.5
```

199 rows × 4 columns

查看数据的数据类型,代码如下:

```
print('数据类型\n{}\n'.format(auto.dtypes))
```

输出结果如下:

```
数据类型
price         object
horsepower    object
width         float64
height        float64
dtype: object
```

可以看出 price 和 horsepower 是对象类型(Object),不能进行回归分析,因此需要修改数据的类型,代码如下:

```
auto = auto.assign(price=pd.to_numeric(auto.price))
auto = auto.assign(horsepower=pd.to_numeric(auto.horsepower))
print('类型转换\n{}'.format(auto.dtypes))
```

输出结果如下：

```
类型转换
price         int64
horsepower    int64
width         float64
height        float64
dtype: object
```

可以看出 price 和 horsepower 已经修改为整数类型。

下面对 price、horsepower、width 和 height 四个变量进行相关性分析，代码如下：

```
auto.corr()
```

相关系数矩阵输出如下：

```
              price      horsepower    width        height
price       1.000000    0.810533     0.753871     0.134990
horsepower  0.810533    1.000000     0.615315     -0.087407
width       0.753871    0.615315     1.000000     0.309223
height      0.134990    -0.087407    0.309223     1.000000
```

从相关系数可以看出，变量之间存在高度的相关性，为了深入了解 price 与其他变量的关系，下面进行多元线性回归分析，建模代码如下：

```
#导入相关包或库
import numpy as np
import pandas as pd
from sklearn.model_selection import train_test_split
from sklearn.linear_model import LinearRegression

#获取数据
auto = pd.read_csv(r"D:\Python 数据分析与机器学习全视频案例\ch08\auto.csv",
header=None)

#设置数据列标签
auto.columns = ['id','make','fuel-type','num-of-doors','body-style',
'drive-wheels','engine-location','wheel-base','length','width','height',
'weight','engine-type','num-of-cylinders','engine-size','fuel-system',
'horsepower','peak-rpm','price']

auto = auto[['price','horsepower','width','height']]
auto = auto.replace('?', np.nan).dropna()

#为目标变量指定价格，为解释变量（因变量）指定其他变量
X = auto.drop('price', axis=1)
```

```
y = auto['price']
```

```
#分为训练数据和测试数据
X_train, X_test, y_train, y_test = train_test_split(X, y, test_size=0.5,
random_state=0)
```

```
#多元回归类的初始化和学习
model = LinearRegression()
model.fit(X_train, y_train)
```

```
#显示决定系数
print('训练集决定系数:{:.3f}'.format(model.score(X_train,y_train)))
print('测试集决定系数:{:.3f}'.format(model.score(X_test,y_test)))
```

```
#回归系数和截距
print('\n回归系数\n{}'.format(pd.Series(model.coef_, index=X.columns)))
print('截距: {:.3f}'.format(model.intercept_))
```

运行上述代码，输出结果如下：

训练集决定系数：0.733
测试集决定系数：0.737

```
回归系数
horsepower      81.651078
width         1829.174506
height         229.510077
dtype: float64
截距：-128409.046
```

从输出结果可以看出模型的效果一般，其中训练集的决定系数是 0.733，测试集的决定系数是 0.737。模型的回归方程为：

$$price = -128409.046 + 81.651078 \times horsepower + 1829.174506 \times width + 229.510077 \times height$$

8.2　逻辑回归及其案例

逻辑回归（LR）是传统机器学习中的一种分类模型，由于 LR 算法具有简单、高效等特点，在工业界有非常广泛的应用。本节介绍逻辑回归模型，以及客户收入类型的预测案例。

8.2.1 逻辑回归简介

逻辑回归又称 Logistic 回归分析，是一种广义的线性回归分析模型，常用于数据挖掘、疾病自动诊断、经济预测等领域，自变量既可以是连续型变量，又可以是分类型变量。

例如，探讨引发疾病的危险因素，并根据危险因素预测疾病发生的概率等。以胃癌预测分析为例，选择两组人群，一组是胃癌组，另一组是非胃癌组，两组人群必定具有不同的体征与生活方式等。因此，因变量就为是否患胃癌，值为"是"或"否"，自变量可以包括很多，如年龄、性别、饮食习惯、是否感染幽门螺杆菌等。

通过逻辑回归分析可以得到自变量的权重，从而大致了解到底哪些因素是导致胃癌的危险因素。同时，可以根据危险因素预测一个人患癌症的可能性。

Logistic 回归的主要用途：

- 一是寻找危险因素：正如前面介绍的，寻找某一疾病的危险因素等。
- 二是预测：如果已经建立了逻辑回归模型，可以根据模型预测在不同的自变量情况下，发生某病或某种情况的概率有多大。
- 三是判别：实际上与预测有些类似，也是根据逻辑模型判断某人患某病或属于某种情况的概率有多大，也就是看一下这个人有多大的可能性患某病。

以上是逻辑回归常用的 3 个用途。在实际应用中，逻辑回归的用途极为广泛，几乎已经成为流行病学和医学中常用的分析方法，因为它与多元线性回归相比有很多优势。实际上，还有很多其他分类方法，只不过逻辑回归很成功，应用也很广。

8.2.2 逻辑回归的建模

逻辑回归的一般公式如下：

$$ln\frac{y}{1-y} = \omega^T x + b$$

其中，$z \in (-\infty, +\infty)$，$y \in \{0,1\}$，$\omega^T x + b$ 表示线性回归模型。y 代表正例的可能性，$1-y$ 代表反例的可能性。

逻辑回归的因变量可以是二分类的，也可以是多分类的，但是二分类的更为常用，也更加容易解释，多类可以使用 Softmax 函数进行处理。在实际应用中，常用的就是二分类的逻辑回归。

逻辑回归模型的适用条件：

- 因变量为二分类的分类变量或某事件的发生率，并且是数值型变量。但是需要注意，重复计数现象指标不适用于逻辑回归。
- 残差和因变量都要服从二项分布。二项分布对应的是分类变量，所以不是正态分布，进而不使用最小二乘法，而使用最大似然法来解决方程估计和检验问题。

- 自变量和逻辑概率是线性关系的。
- 各观测对象间相互独立。

逻辑回归模型的原理：

- 如果直接将线性回归的模型扣到逻辑回归中，会造成方程二边取值区间不同和普遍的非直线关系。因为Logistic中因变量为二分类变量，某个概率作为方程的因变量估计值，取值范围为0~1，但是方程右边的取值范围是无穷大或者无穷小，所以才引入了逻辑回归。

逻辑回归模型的注意事项：

如果自变量为字符型，就需要进行重新编码。一般自变量有三个水平就非常难对付，所以，如果自变量有更多水平，就太复杂了。这里只讨论自变量有三个水平。非常麻烦，需要再设两个新变量。共有三个变量，第一个变量编码 1 为高水平，其他水平为 0。第二个变量编码 1 为中间水平，其他水平为 0。第三个变量所有水平都为 0。实在是麻烦，而且不容易理解。最好不要这样做，也就是最好自变量都为连续变量。

8.2.3　客户收入的预测

表 8-3 所示是某汽车销售商销售的客户信息数据集，包括客户的年龄、工作类别、教育程度、收入是否超过 5 万等 15 个参数。

表 8-3　客户数据集

ID	字　段　名	含　　义
1	id	编号
2	age	年龄
3	work	工作类别
4	education	教育年限
5	marital	婚姻状况
6	occupation	职业
7	sex	性别
8	hours	每周工作时长
9	country	国家
10	flg-50K	收入类别

下面通过客户的年龄（age）、教育年限（education）、每周工作时长（hours）来预测客户收入是否超过 5 万。首先导入数据集，示例代码如下：

```
#导入相关包或库
import pandas as pd

#获取数据
adult = pd.read_csv(r"D:\Python 数据分析与机器学习全视频案例\ch08\adult.csv",
header=None)
```

```
#设置数据列标签
adult.columns = ['id','age','work','education','marital','occupation','sex',
'hours','country','flg-50K']
```

```
#输出数据格式和丢失数据的数量
print('数据维数:{}'.format(adult.shape))
print('缺失数据:{}'.format(adult.isnull().sum().sum()))
```

运行上述代码，输出结果如下：

```
数据维数:(32561, 10)
缺失数据:0
```

由于目标变量"flg-50K"是文本类型，不能直接进行数据建模，因此需要将其转换为 0 或 1，示例代码如下：

```
adult['fin_flg']=adult['flg-50K'].map(lambda x: 1 if x ==' >50K' else 0)
adult.groupby('fin_flg').size()
```

输出结果如下：

```
fin_flg
0        24720
1         7841
dtype: int64
```

下面使用逻辑回归模型预测客户收入是否超过 5 万，建模代码如下：

```
#导入相关包或库
import pandas as pd
from sklearn.linear_model import LogisticRegression
from sklearn.model_selection import train_test_split
```

```
#获取数据
adult = pd.read_csv(r"D:\Python 数据分析与机器学习全视频案例\ch08\adult.csv",
header=None)
```

```
#设置数据列标签
adult.columns =['id','age','work','education','marital','occupation','sex',
'hours','country','flg-50K']
```

```
adult['fin_flg'] = adult['flg-50K'].map(lambda x: 1 if x ==' >50K' else 0)
```

```
#设置自变量和目标变量
X = adult[['age','education','hours']]
y = adult['fin_flg']
```

```
#分为训练数据和测试数据
X_train, X_test, y_train, y_test = train_test_split(X, y, test_size=0.5,
random_state=0)
```

```
#逻辑回归的初始化和学习
model = LogisticRegression()
model.fit(X_train,y_train)
```

```
#模型准确率
print('训练集准确率:{:.3f}'.format(model.score(X_train, y_train)))
print('测试集准确率:{:.3f}'.format(model.score(X_test, y_test)))
```

运行上述代码，模型准确率输出如下：

训练集准确率:0.790
测试集准确率:0.786

模型的准确率都小于 0.8，效果一般，然后查看模型参数，代码如下：

```
model.coef_
```

输出结果如下：

```
array([[0.04641037, 0.34614816, 0.04321483]])
```

指数化模型参数，代码如下：

```
np.exp(model.coef_)
```

输出结果如下：

```
array([[1.04750419, 1.41361205, 1.04416219]])
```

由于上面的模型没有对数据进行标准化处理，因此模型准确度较低，小于 0.8。下面对原数据进行标准化处理，再进行逻辑回归建模，示例代码如下：

```
#导入相关包或库
import pandas as pd
from sklearn.linear_model import LogisticRegression
from sklearn.preprocessing import StandardScaler
from sklearn.model_selection import train_test_split
```

```
#获取数据
adult = pd.read_csv(r"D:\Python 数据分析与机器学习全视频案例\ch08\adult.data",
header=None)
```

```
#设置数据列标签
adult.columns =['id','age','work','education','marital','occupation','sex',
'hours','country','flg-50K']
```

```python
adult['fin_flg'] = adult['flg-50K'].map(lambda x: 1 if x ==' >50K' else 0)

#设置 X 和 y
X = adult[['age','education','hours']]
y = adult['fin_flg']

#分为训练数据和测试数据
X_train, X_test, y_train, y_test = train_test_split(X, y, test_size=0.5,
random_state=0)

#标准化处理
sc = StandardScaler(with_mean=False, with_std=False)
sc.fit(X_train)
X_train_std = sc.transform(X_train)
X_test_std = sc.transform(X_test)

#逻辑回归的初始化和学习
model = LogisticRegression()
model.fit(X_train_std,y_train)

#模型准确率
print('训练集准确率:{:.3f}'.format(model.score(X_train_std, y_train)))
print('测试集准确率:{:.3f}'.format(model.score(X_test_std, y_test)))
```

运行上述代码，输出结果如下：

```
训练集准确率:0.790
测试集准确率:0.786
```

可以看出模型准确率没有上升，然后查看模型参数，代码如下：

```python
model.coef_
```

输出结果如下：

```
array([[0.63136834, 0.88919614, 0.53082979]])
```

指数化模型参数，代码如下：

```python
np.exp(model.coef_)
```

输出结果如下：

```
array([[1.88018155, 2.43317294, 1.70034265]])
```

8.3 Lasso 回归与 Ridge 回归

Lasso 回归与 Ridge 回归是在标准线性回归的基础上分别加入不同的正则化项。本节介绍 Lasso 回归与 Ridge 回归及其案例，并比较了两种算法的差异。

8.3.1 Lasso 回归及案例

在介绍 Lasso 回归之前，我们首先介绍一下过拟合的概念。过拟合指的是模型在训练集上表现得很好，但是在交叉验证集合测试集上表现一般，也就是说模型对未知样本的预测表现一般，即模型泛化能力较差。

例如，我们在预测企业商品的销售利润时，如果仅考虑商品销售价格，模型不能很好地拟合数据，处于欠拟合状态。如果再考虑商品的销售数量和成本，模型可以达到最佳的效果。但是，如果我们继续添加其他变量，例如地区、季节、气候等，这时模型就可能处于过拟合状态。过拟合的问题通常发生在变量过多或采用了很复杂的模型的时候，这种情况下训练出的方程总是能很好地拟合训练数据，也就是损失函数可能非常接近 0 或者就为 0。但是，模型对于未知样本的预测效果很差。

通常，对于过拟合，我们应用正则化的方法去解决，正则化是结构风险（损失函数与正则化项）最小化策略的体现，是在经验风险（平均损失函数）上加一个正则化项，正则化的作用是选择经验风险和模型复杂度同时较小的模型。

不想抛弃其他变量自带的信息，因此加上惩罚项，使得其他变量足够小。优化目标为：

$$\min_{\theta} \frac{1}{2m} \sum_{i=1}^{m} (h_{\theta}\left(x^{(i)}\right) - y^{(i)})^2$$

Lasso 回归是在损失函数后加 L1 正则化，如下所示：

$$\min_{\theta} \frac{1}{2m} \left[\sum_{i=1}^{m} (h_{\theta}\left(x^{(i)}\right) - y^{(i)})^2 + \lambda \sum_{j=1}^{k} |\omega_j| \right]$$

m 为样本个数，k 为参数个数，其中 $\lambda \sum_{j=1}^{k} |\omega_j|$ 为 L1 正则化项，λ 称为正则化参数，作用是平衡拟合训练的目标和保持参数值较小。

下面使用 Lasso 回归对汽车数据集进行回归建模，示例代码如下：

```
#导入相关包或库
import numpy as np
import pandas as pd
from sklearn.linear_model import LinearRegression, Lasso
from sklearn.model_selection import train_test_split
```

```
#获取数据
auto = pd.read_csv(r"D:\Python 数据分析与机器学习全视频案例\ch08\auto.csv",
header=None)
```

```
#设置数据列标签
auto.columns =['id','make','fuel-type','num-of-doors','body-style',
'drive-wheels','engine-location','wheel-base','length','width','height',
'weight','engine-type','num-of-cylinders','engine-size','fuel-system',
'horsepower','peak-rpm','price']
```

```
#数据处理
auto = auto[['price','horsepower','width','height']]
auto = auto.replace('?', np.nan).dropna()
```

```
#分为训练数据和测试数据
X = auto.drop('price', axis=1)
y = auto['price']
X_train, X_test, y_train, y_test = train_test_split(X, y, test_size=0.5,
random_state=0)
```

```
#模型建立与评估
models = {
    'linear 回归': LinearRegression(),
    'lasso 回归 1':  Lasso(alpha=1.0, random_state=0),
    'lasso 回归 2':  Lasso(alpha=200.0, random_state=0)
}
```

```
scores = {}
for model_name, model in models.items():
    model.fit(X_train,y_train)
    scores[(model_name, '训练集')] = model.score(X_train, y_train)
    scores[(model_name, '测试集')] = model.score(X_test, y_test)
```

```
pd.Series(scores).unstack()
```

运行上述代码，输出结果如下：

	测试集	训练集
lasso 回归 1	0.737107	0.733358
lasso 回归 2	0.743235	0.733082
linear 回归	0.737069	0.733358

8.3.2　Ridge 回归及案例

在线性回归模型中，其参数估计公式为 $\beta = \left(X^{\mathrm{T}} X \right)^{-1} X^{\mathrm{T}} y$，当 $X^{\mathrm{T}} X$ 不可逆时，无法求出 β。另外，$\left| X^{\mathrm{T}} X \right|$ 越趋近于 0，会使得回归系数越趋向于无穷大，此时得到的回归系数是无意义的。解决这类问题可以使用 Ridge 回归（岭回归），主要针对自变量之间存在多重共线性或者自变量个数多于样本量的情况。

为了保证回归系数可求，Ridge 回归模型在目标函数上加了一个 L2 范数的惩罚项，公式如下：

$$\min_{\theta} \frac{1}{2m} \left[\sum_{i=1}^{m} (h_{\theta}\left(x^{(i)} \right) - y^{(i)})^2 + \lambda \sum_{j=1}^{k} \omega_j^{\,2} \right]$$

其中，λ 为非负数，λ 越大，回归系数 β 就越小。

L2 范数惩罚项的加入使得 $\left(X^{\mathrm{T}} X + \lambda I \right)$ 为满秩，保证了可逆，但是由于惩罚项的加入，使得回归系数的估计不再是无偏估计。所以 Ridge 回归是以放弃无偏性、降低精度为代价解决病态矩阵问题的回归方法（注：求解方程组时，如果对数据进行较小的扰动，则得出的结果具有很大波动，这样的矩阵称为病态矩阵）。

参数 λ 的确定方法：

- 模型的方差：回归系数的方差。
- 模型的偏差：预测值和真实值的差异。

随着模型复杂度的提升，在训练集上的效果越好，模型的偏差就越小，同时模型的方差就越大。对于 Ridge 回归的 λ 而言，随着 λ 的增大，$\left| X^{\mathrm{T}} X + \lambda I \right|$ 就越大，$(X^{\mathrm{T}} X + \lambda I)^{-1}$ 就越小，模型的方差就越小；而 λ 越大，使得 β 的估计值更加偏离真实值，模型的偏差就越大。所以 Ridge 回归的关键是找到一个合理的 λ 值来平衡模型的方差和偏差。

下面使用 Ridge 回归对汽车数据集进行回归建模，示例代码如下：

```
#导入相关包或库
import numpy as np
import pandas as pd
from sklearn.linear_model import LinearRegression
from sklearn.linear_model import Ridge
from sklearn.model_selection import train_test_split

#获取数据
auto = pd.read_csv(r"D:\Python 数据分析与机器学习全视频案例\ch08\auto.csv",
header=None)

#设置数据列标签
auto.columns =['id','make','fuel-type','num-of-doors','body-style',
'drive-wheels','engine-location','wheel-base','length','width','height',
```

```
'weight','engine-type','num-of-cylinders','engine-size','fuel-system',
'horsepower','peak-rpm','price']

#数据处理
auto = auto[['price','horsepower','width','height']]
auto = auto.replace('?', np.nan).dropna()

#分为训练数据和测试数据
X = auto.drop('price', axis=1)
y = auto['price']
X_train, X_test, y_train, y_test = train_test_split(X, y, test_size=0.5,
random_state=0)

#模型建立与评估
models = {
    'linear回归': LinearRegression(),
    'Ridge回归': Ridge(random_state=0)
}

scores = {}
for model_name, model in models.items():
    model.fit(X_train,y_train)
    scores[(model_name, '训练集')] = model.score(X_train, y_train)
    scores[(model_name, '测试集')] = model.score(X_test, y_test)

pd.Series(scores).unstack()
```

运行上述代码，输出结果如下：

	测试集	训练集
Ridge回归	0.737768	0.733355
linear回归	0.737069	0.733358

8.3.3　两种回归的比较

在机器学习中，首先根据一批数据集来构建一个回归模型，然后用另一批数据集来检验回归模型的效果。构建回归模型所用的数据集称为训练数据集，而验证模型的数据集称为测试数据集。模型在训练集上的误差称为训练误差或者经验误差；在测试集上的误差称为泛化误差。

过拟合指的是模型在训练集中表现良好，而在测试集中表现很差，即泛化误差大于经验误差，说明拟合过度，模型泛化能力降低，只能够适用于训练集，通用性不强。

过拟合出现的原因则是模型复杂度太高或者训练集太少，比如自变量过多等情况。针对过拟合，除了增加训练集数据外，还有多种算法可以处理，正则化就是常用的一种处理方式。

正则化是指在回归模型代价函数后面添加一个约束项,在线性回归模型中,有两种不同的正则化项:

- 所有参数绝对值之和,即L1范数,对应的回归方法叫作Lasso回归(套索回归)。
- 所有参数的平方和,即L2范数,对应的回归方法叫作Ridge回归(岭回归)。

Lasso 回归对应的代价函数如下:

$$\min_{\theta} \frac{1}{2m} \left[\sum_{i=1}^{m} (h_{\theta}\left(x^{(i)}\right) - y^{(i)})^2 + \lambda \sum_{j=1}^{k} \left| \omega_j \right| \right]$$

Ridge 回归对应的代价函数如下:

$$\min_{\theta} \frac{1}{2m} \left[\sum_{i=1}^{m} (h_{\theta}\left(x^{(i)}\right) - y^{(i)})^2 + \lambda \sum_{j=1}^{k} \omega_j^{\,2} \right]$$

需要注意的是,正则项中的回归系数为每个自变量对应的回归系数,不包含回归常数项。

L1 和 L2 各有优劣,L1 是基于特征选择的方式,有多种求解方法,更加具有鲁棒性(或称为稳健性);L2 则鲁棒性稍差,只有一种求解方式,而且不是基于特征选择的方式。

8.4 决策树及其案例

决策树是一种基本的分类与回归方法,通常是一个递归地选择最优特征,并根据该特征对训练数据进行分割,使得各个子数据集有一个最好的分类的过程。本节介绍决策树模型,以及蘑菇类型的预测案例。

8.4.1 决策树简介

在机器学习中,决策树(见图 8-2)是一个预测模型,代表的是对象属性与对象值之间的一种映射关系。树中每个节点表示某个对象,而每个分叉路径则代表的是某个可能的属性值,每个叶子节点对应从根节点到叶子节点的对象值。

Breiman 等在 1984 年提出了 CART 算法。Ross Quinlan 在 1986 年提出了决策树 ID3 算法,ID3 算法的目的在于减少树的深度,但是忽略了叶子数目的研究。在 1993 年,Ross Quinlan 又提出了 C4.5 算法,C4.5 算法在 ID3 算法的基础上进行了改进,对于预测变量的缺值处理、剪枝技术、派生规则等方面做了较大改进,既适用于分类问题,又适用于回归问题。

决策树相关的重要概念:

- 根节点(Root Node):表示整个样本集合,并且该节点可以进一步划分成两个或多个子集。
- 拆分(Splitting):表示将一个节点拆分成多个子集的过程。

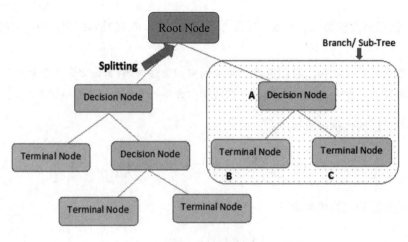

图 8-2 决策树

- 决策节点（Decision Node）：当子节点进一步被拆分成多个子节点时，这个子节点就叫决策节点。
- 叶子节点（Terminal Node）：无法再拆分的节点被称为叶子节点。
- 剪枝（Pruning）：移除决策树中子节点的过程就叫作剪枝，跟拆分过程相反。
- 分支/子树（Branch/Sub-Tree）：一棵决策树的一部分就叫作分支或子树。
- 父节点和子节点（Parent and Child Node）：一个节点被拆分成多个子节点，这个节点就是父节点；其拆分后的子节点也叫子节点。

决策树在零售、金融、电信、企业管理等方面都有广泛的应用，例如现代企业的经营方向面临着许多可供选择的方案，如何用最少的资源赢得最大的利润以及最大限度地降低企业的经营风险是企业决策者经常面对的决策问题，决策树法能简单明了地帮助企业决策层分析企业的经营风险和经营方向。随着经济的不断发展，企业需要做出的决策数量必然会不断增加，而决策质量的提高取决于决策方法的科学化。企业的决策水平提高了，企业的管理水平就一定会提高。

ID3 算法的核心是在决策树各个节点上应用信息增益准则选择特征来递归地构建决策树。

1. 熵

在信息论中，熵（Entropy）是随机变量不确定性的度量，熵值越大，则随机变量的不确定性越高。设 X 是一个取有限数值的离散随机变量，其概率分布为：

$$P(X = x_i) = p_i$$

其中，$i = 1, 2, 3, \ldots, n$。

则随机变量 X 的熵定义为：

$$H(X) = -\sum_{i=1}^{n} p_i \log(p_i)$$

2. 条件熵

设有随机变量 (X, Y)，其联合概率分布为：

$$P\left(X=x_i, Y=y_j\right)=p_{ij}$$

其中，$i=1,2,3,\ldots,n$，$j=1,2,3,\ldots,m$。

条件熵 $H(Y|X)$ 表示在已知随机变量 X 的条件下，随机变量 Y 的不确定性。随机变量 Y 的条件熵 $H(Y|X)$ 定义为在给定条件 X 下，Y 的条件概率分布的熵对 X 的数学期望：

$$H\left(Y\mid X\right)=\sum_{i=1}^n p_i H\left(Y\mid X=x_i\right)$$

其中，$p_i=P\left(X=x_i\right)$，$i=1,2,3,\ldots,n$。

熵、条件熵中的概率由数据估计得到后（极大似然估计法），所对应的熵与条件熵分别称为经验熵、经验条件熵。

3. 信息增益

信息增益表示由于得知特征 A 的信息后，初始的数据集 D 的分类不确定性减少的程度，计算公式如下：

$$\text{Gain}(D,A)=H(D)-H(D\mid A)$$

即集合 D 的经验熵 $H(D)$ 与特征 A 给定条件下的经验条件熵 $H(H|A)$ 之差。

选择划分后，信息增益大的作为划分特征，说明使用该特征后划分得到的子集纯度越高，即不确定性越低。因此，我们总是选择当前使得信息增益最大的特征来划分数据集。

信息增益的缺点：信息增益偏向取值较多的特征，如果特征的取值较多，根据此特征划分更容易得到纯度更高的子集，因此划分后的熵更低，即不确定性更低，信息增益更大。

C4.5 算法与 ID3 算法很相似，C4.5 算法对 ID3 算法做了改进，在生成决策树的过程中采用信息增益比来选择特征。

我们知道信息增益会偏向取值较多的特征，使用信息增益比可以对这一问题进行校正。

信息增益比：特征 A 对训练数据集 D 的信息增益比 GainRatio(D,A) 定义为其信息增益 Gain(D,A) 与训练数据集 D 的经验熵 $H(D)$ 之比：

$$\text{GainRatio}(D, A)=\frac{\text{Gain}(D, A)}{H(D)}$$

决策树的优点主要有：

- 决策树易于理解和实现，在学习过程中不需要了解很多决策树的背景知识，就可以使决策树直接体现数据的特点，而且只要解释后，人们都有能力理解决策树所表达的意义。
- 对于决策树，数据准备往往是简单或者不必要的，而且能够同时处理数据型和常规型属性，在相对短的时间内能够针对大型数据源给出可行且效果良好的结果。
- 易于通过静态测试来对模型进行评测，可以测定模型可信度。如果给定一个观察的模型，那么根据所产生的决策树很容易推出相应的逻辑表达式。

决策树的缺点主要有：

- 对于各类别样本数量不一致的数据，信息增益偏向于那些更多数值的特征。
- 建模过程容易导致过拟合。
- 忽略变量之间的相关性。

8.4.2 决策树的建模

决策树建模就是运用树状图表示各决策的期望值，通过计算，最终优选出效益最大、成本最低的决策方法。决策树建模的步骤如下：

步骤01 绘制树状图，根据已知条件排列出各个方案和每一种方案的各种自然状态。

步骤02 将各个状态的概率及损益标于概率枝上。

步骤03 计算各个方案的期望值并将其标于该方案对应的状态节点上。

步骤04 进行剪枝，比较各个方案的期望值，并标于方案枝上，将期望值小的（劣等）方案剪掉，所剩的最后方案为最佳方案。

应用决策树建模必须具备以下条件：

- 具有决策者期望达到的明确目标。
- 存在决策者可以选择的两个以上的可行备选方案。
- 存在决策者无法控制的两种以上的自然状态（如气候变化、市场行情等）。
- 不同行动方案在不同自然状态下的收益值或损失值（简称损益值）可以计算出来。
- 决策者能估计出不同的自然状态下发生的概率。

决策树的构造过程一般分为 3 部分，分别是特征选择、决策树的生成和决策树的剪枝。

（1）特征选择

特征选择表示从众多的特征中选择一个特征作为当前节点分裂的标准。选择特征时有不同的量化评估方法，从而衍生出不同的决策树，如 ID3（通过信息增益选择特征）、C4.5（通过信息增益比选择特征）、CART（通过 Gini 指数选择特征）等。

目的（准则）：使用特征对数据集划分之后，各个数据子集的纯度要比划分前的数据集 D 的纯度高（也就是不确定性要比划分前数据集 D 的不确定性低）。

（2）决策树的生成

根据选择的特征评估标准，从上至下递归地生成子节点，直到数据不可分时停止，决策树停止生长。这个过程实际上就是使用满足划分准则的特征不断地将数据集划分成纯度更高、不确定性更低的子集的过程。对于当前数据集的每一次划分，都希望根据某个特征划分之后的各个子集的纯度更高，不确定性更低。

（3）决策树的剪枝

决策树容易过拟合，为了防止过拟合，需要对决策树进行剪枝。剪枝分为前剪枝和后剪枝。

前剪枝发生在构建决策树时,通过判定规则来决定是否进行新的分级。后剪枝发生在构建决策树后,通过判定规则进行树的剪枝。常用的后剪枝方法一般为"代价复杂度剪枝法"。

决策树是常见和易于理解的决策支持工具之一。它是一种从训练集中归纳出树形分类规则的过程,如果目标是分类变量,就会生成"分类树",而如果是数字,结果就是"回归树"。

8.4.3　蘑菇类型的预测

下面是蘑菇类型的数据集,样本总数为 8124 个,每个样本描述了蘑菇的 23 个属性,例如形状、气味等,其中可食用样本有 4208 个,占 51.8%,有毒样本为 3916 个,占 48.2%,如表 8-4 所示。

表 8-4　蘑菇数据集

ID	字　段　名	含　　义
1	classes	类别
2	cap-shape	帽形
3	cap-surface	帽面
4	cap-color	帽色
5	bruises	瘀伤
6	odor	气味
7	gill-attachment	附着
8	gill-spacing	间距
9	gill-size	大小
10	gill-color	颜色
11	stalk-shape	茎状
12	stalk-root	茎根
13	stalk-surface-above-ring	茎表面环
14	stalk-surface-below-ring	茎下表面环
15	stalk-color-above-ring	茎环上的颜色
16	stalk-color-below-ring	茎色环下方
17	veil-type	面纱形
18	veil-color	面纱色
19	ring-number	环号
20	ring-type	环形
21	spore-print-color	孢子的颜色
22	population	族群
23	habitat	栖息地

蘑菇数据集的每个字段都是文本,具体的文本说明如表 8-5 所示。

表8-5 蘑菇数据集字段说明

字 段 名	取值说明
classes	poisonous=p, edibility=e
cap-shape	bell=b,conical=c,convex=x,flat=f,knobbed=k,sunken=s
cap-surface	fibrous=f,grooves=g,scaly=y,smooth=s
cap-color	brown=n,buff=b,cinnamon=c,gray=g,green=r,pink=p,purple=u
bruises	red=e,white=w,yellow=y
odor	bruises=t,no=f
gill-attachment	almond=a,anise=l,creosote=c,fishy=y,foul=f,musty=m,none=n,
gill-spacing	pungent=p,spicy=s
gill-size	attached=a,descending=d,free=f,notched=n
gill-color	close=c,crowded=w,distant=d
stalk-shape	broad=b,narrow=n
stalk-root	black=k,brown=n,buff=b,chocolate=h,gray=g,green=r,orange=o
stalk-surface-above-ring	pink=p,purple=u,red=e,white=w,yellow=y
stalk-surface-below-ring	enlarging=e,tapering=t
stalk-color-above-ring	bulbous=b,club=c,cup=u,equal=e,rhizomorphs=z,rooted=r,missing=?
stalk-color-below-ring	fibrous=f,scaly=y,silky=k,smooth=s
veil-type	fibrous=f,scaly=y,silky=k,smooth=s
veil-color	brown=n,buff=b,cinnamon=c,gray=g,orange=o,pink=p,red=e,
ring-number	white=w,yellow=y
ring-type	brown=n,buff=b,cinnamon=c,gray=g,orange=o,pink=p,red=e,
spore-print-color	white=w,yellow=y
population	partial=p,universal=u
habitat	brown=n,orange=o,white=w,yellow=y

下面首先导入蘑菇数据集，查看数据维数和缺失情况，示例代码如下：

```
#获取数据
mushroom = pd.read_csv(r"D:\Python 数据分析与机器学习全视频案例
\ch08\mushroom.csv", header=None)
```

```
#设置数据列标签
mushroom.columns =['classes','cap_shape','cap_surface','cap_color','odor',
'bruises','gill_attachment','gill_spacing','gill_size','gill_color','stalk_
shape','stalk_root','stalk_surface_above_ring','stalk_surface_below_ring',
'stalk_color_above_ring','stalk_color_below_ring','veil_type','veil_color',
'ring_number','ring_type','spore_print_color','population','habitat']
```

```
#显示数据维数和缺失数据
print('数据维数:{}'.format(mushroom.shape))
print('缺失数据:{}'.format(mushroom.isnull().sum().sum()))
```

运行上述代码，输出结果如下：

```
数据维数：(8124, 23)
缺失数据：0
```

Pandas 中的 get_dummy() 函数是将拥有不同值的变量转换为 0/1 数值。下面对 'gill_color'、'gill_attachment'、'odor' 和 'cap_color' 进行 0/1 化处理，示例代码如下：

```
#导入相关包或库
import pandas as pd

mushroom_dummy = pd.get_dummies(mushroom[['gill_color','gill_attachment',
'odor','cap_color']])
```

此外，还需要对目标变量蘑菇类型（classes）进行标记 0/1 化处理，其中 0 表示有毒的类型，1 表示可食用的类型，并进行数量统计。

其中，帽色为 c 的蘑菇与类型的交叉统计代码如下：

```
mushroom_dummy['flg'] = mushroom['classes'].map(lambda x: 1 if x =='p' else 0)
mushroom_dummy.groupby(['cap_color_c', 'flg'])['flg'].count().unstack()
```

输出结果如下：

```
flg          0        1
cap_color_c
0          4176     3904
1           32       12
```

其中，帽色为 b 的蘑菇与类型的交叉统计代码如下：

```
mushroom_dummy.groupby(['gill_color_b', 'flg'])['flg'].count().unstack()
```

输出如下：

```
flg          0         1
gill_color_b
0          4208.0    2188.0
1           NaN      1728.0
```

输入如下代码：

```
- (0.5 * np.log2(0.5) + 0.5 * np.log2(0.5))
```

输出结果如下：

```
1.0
```

输入如下代码：

```
- (0.001 * np.log2(0.001) + 0.999 * np.log2(0.999))
```

输出结果如下：

```
0.0114077757737461138
```

输入如下代码：

```python
def calc_entropy(p):
    return - (p * np.log2(p) + (1 - p) * np.log2(1 - p) )
```

示例代码如下：

```python
#导入相关包或库
import matplotlib.pyplot as plt

#以 0.01 的步长将 p 的值从 0.001 移动到 0.999
p = np.arange(0.001, 0.999, 0.01)

#绘制图形
plt.figure(figsize=(11, 7))

#图形
plt.plot(p, calc_entropy(p))
plt.xlabel('prob',size=16)
plt.ylabel('entropy',size=16)
#设置 x 轴和 y 轴的标签大小
plt.xticks(fontsize=13)
plt.yticks(fontsize=13)
plt.grid(True)
```

运行上述代码，结果如图 8-3 所示。

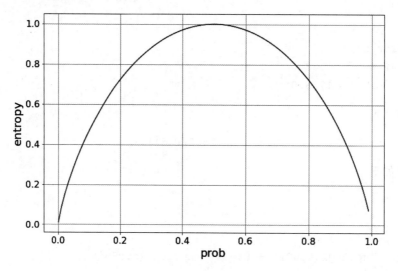

图 8-3　分析

输入如下代码：

```
mushroom_dummy.groupby('flg')['flg'].count()
```

输出结果如下：

```
flg
0    4208
1    3916
Name: flg, dtype: int64
```

输入如下代码：

```
entropy_init = - (0.518 * np.log2(0.518) + 0.482 * np.log2(0.482))
print('有毒蘑菇数据熵的初始值: {:.3f}'.format(entropy_init))
```

输出结果如下：

有毒蘑菇数据熵的初始值：0.999

输入如下代码：

```
mushroom_dummy.groupby(['cap_color_c', 'flg'])['flg'].count().unstack()
```

输出结果如下：

```
flg          0       1
cap_color_c
0          4176    3904
1            32      12
```

entropy_c0：0.999，代码如下：

```
p1 = 4176 / (4176 + 3904)
p2 = 1 - p1
entropy_c0 = -(p1*np.log2(p1)+p2*np.log2(p2))
print('entropy_c0: {:.3f}'.format(entropy_c0))
```

输出结果如下：

```
entropy_c0: 0.999
```

entropy_c1：0.845，代码如下：

```
p1 = 32/(32+12)
p2 = 1 - p1
entropy_c1 = -(p1*np.log2(p1)+p2*np.log2(p2))
print('entropy_c1: {:.3f}'.format(entropy_c1))
```

输出结果如下：

```
entropy_c1: 0.845
```

输入如下代码：

```
entropy_after = (4176+3904)/8124*entropy_c0 + (32+12)/8124*entropy_c1
print('数据分割后的平均熵：{:.3f}'.format(entropy_after))
```

输出结果如下：

```
数据分割后的平均熵：0.998
```

输入如下代码：

```
print('通过除以变量 cap_color 获得的信息增益：{:.3f}'.format(entropy_init -
entropy_after))
```

输出如下代码：

```
通过除以变量 cap_color 获得的信息增益：0.001
```

输入如下代码：

```
mushroom_dummy.groupby(['gill_color_b', 'flg'])['flg'].count().unstack()
```

输出结果如下：

```
flg           0           1
gill_color_b
0       4208.0      2188.0
1          NaN      1728.0
```

示例代码如下：

```
import numpy as np

p1 = 4208/(4208+2188)
p2 = 1 - p1
entropy_b0 = - (p1*np.log2(p1) + p2*np.log2(p2))

#gill_color 为 b 时的熵
p1 = 0/(0+1728)
p2 = 1 - p1
entropy_b1 = - (p2*np.log2(p2))

entropy_after = (4208+2188)/8124*entropy_b0 + (0+1728)/8124*entropy_b1
print('通过除以 gill_color 变量获得的信息增益：{:.3f}'.format(entropy_init -
entropy_after))
```

运行上述代码，输出结果如下，可以看出通过除以 gill_color 变量获得的信息增益为 0.269。

```
通过除以 gill_color 变量获得的信息增益：0.269
```

示例代码如下：

```
#导入相关包或库
import pandas as pd
from sklearn.tree import  DecisionTreeClassifier
from sklearn.model_selection import train_test_split

#获取数据
mushroom = pd.read_csv(r"D:\Python 大数据分析与机器学习案例实战
\ch06\mushroom.csv", header=None)

#设置数据列标签
mushroom.columns =['classes','cap_shape','cap_surface','cap_color','odor',
'bruises','gill_attachment','gill_spacing','gill_size','gill_color','stalk_sha
pe','stalk_root','stalk_surface_above_ring','stalk_surface_below_ring','stalk_
color_above_ring','stalk_color_below_ring','veil_type','veil_color','ring_numb
er','ring_type','spore_print_color','population','habitat']

mushroom_dummy = pd.get_dummies(mushroom[['gill_color','gill_attachment',
'odor','cap_color']])
mushroom_dummy['flg'] = mushroom['classes'].map(lambda x: 1 if x =='p' else
0)

#数据分割
X = mushroom_dummy.drop('flg', axis=1)
y = mushroom_dummy['flg']
X_train, X_test, y_train, y_test = train_test_split(X, y, random_state=0)

#决策树的初始化和学习
model = DecisionTreeClassifier(criterion='entropy', max_depth=5,
random_state=0)
model.fit(X_train,y_train)

#模型准确率
print('训练集准确率:{:.3f}'.format(model.score(X_train, y_train)))
print('测试集准确率:{:.3f}'.format(model.score(X_test, y_test)))
```

运行上述代码，输出结果如下：

```
训练集准确率:0.883
测试集准确率:0.894
```

可以看出训练集准确率是 0.883，测试集准确率是 0.894。

8.5 K 近邻算法及其案例

K 近邻（KNN）算法，是一种常用的监督式学习方法，使用范围很广泛，在样本量足够大的前提条件下它的准确度非常高。本节介绍 K 近邻模型，以及乳腺癌患者的分类案例。

8.5.1 K 近邻算法简介

K 近邻算法是基于统计的数据挖掘算法，由 Cover T 和 Hart P 于 1968 年提出，它是在一组历史数据记录中寻找一个或者若干个与当前记录最相似的历史记录的特征值来预测当前记录的未知的特征值，因此具有直观、无须先验统计知识等特点，同时 K 近邻算法适用于分类和回归两种不同的应用场景，但是主要应用于分类问题，这里我们只讨论分类问题的 K 近邻算法。

K 近邻算法简单直观，下面举一个简单的例子来说明。例如在一个城市居住着许多不同民族的居民，相同民族的人们大多聚集在一起，形成一个小型的部落。现在我们想知道其中一个部落属于哪个民族，并且已经掌握很多关于部落和民族的信息，该会怎么做？其实我们可以通过观察这个部落人们的生活习惯、节日风俗、衣着服饰等特点，与我们掌握的其他部落的特点进行对比，找出与该部落在这些方面最接近的几个部落（已知这几个部落分别属于哪个民族），如果这几个部落的多数属于其中某个民族，那么在很大程度上我们可以猜测该部落可能也属于这个民族，从而得到想要的答案。

K 近邻算法的优点在于：

- 算法简单直观，易于实现。
- K 近邻在进行类别决策时只与少量的相邻样本有关，可以避免样本数量不平衡问题。
- K 近邻最直接地利用了样本之间的关系，减少了类别特征选择不当对分类结果造成的不利影响，可以最大程度减少分类过程中的误差。

K 近邻算法存在的主要问题如下：

- 当样本数量大、特征多的时候计算量非常大。
- 样本不平衡的时候，对稀有类别的预测准确率降低。
- 预测速度较慢。

8.5.2 K 近邻算法的建模

K 近邻算法（见图 8-4）的工作原理：存在一个样本数据集合，也称作训练样本集，并且样本集中每个数据都存在标签，即我们知道样本集中每一个数据与所属分类的对应关系。输入没有标签的新数据后，将新数据的每个特征与样本集中数据对应的特征进行比较，然后算法提取样本最相似数据（最近邻）的分类标签。

一般来说，我们只选择样本数据集中前 K 个最相似的数据，这就是 K 近邻算法中 K 的出处，通常 K 是不大于 20 的整数。最后，选择 K 个最相似数据中出现次数最多的分类，作为新数据的分类。

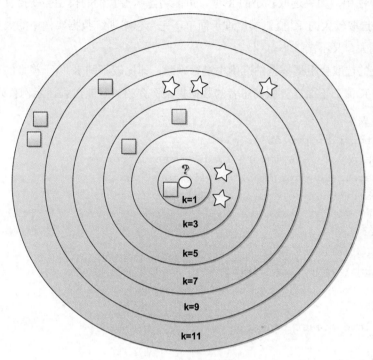

图 8-4　K 近邻算法

下面我们通过一个案例介绍 K 近邻算法的建模过程，如图 8-4 所示，有两类不同的样本数据，分别用星形和正方形表示，图形正中间的圆表示待分类的数据。下面根据 K 近邻的思想给这个圆点进行分类。

- 如果K=1，离圆点最邻近的1个点是正方形，判定待分类点属于正方形一类。
- 如果K=3，离圆点最邻近的3个点是两个星形和1个正方形，基于统计的方法，判定待分类点属于星形一类。
- 如果K=5，离圆点最邻近的5个点是两个星形和3个正方形，基于统计的方法，判定待分类点属于正方形一类。
- 如果K=7，离圆点最邻近的7个点是4个星形和3个正方形，基于统计的方法，判定待分类点属于星形一类。
- 如果K=9，离圆点最邻近的9个点是5个星形和4个正方形，基于统计的方法，判定待分类点属于星形一类。
- 如果K=11，离圆点最邻近的11个点（全部点）是5个星形和6个正方形，基于统计的方法，判定待分类点属于正方形一类。

8.5.3 乳腺癌患者的分类

在 K 近邻算法中，如果选取较小的 K 值，可能会意味着我们的模型会变得复杂，容易发生过拟合，但是如果选取较大的 K 值，模型过于简单，完全忽略训练数据实例中的大量有用信息，因此 K 值既不能过大，又不能过小。

通常，K 值的选取要根据模型的准确率进行判断，即比较不同 K 值下模型的准确率，选择模型准确率最高的 K 值。下面以乳腺癌患者的数据集案例介绍其判断过程，示例代码如下：

```python
#导入相关包或库
import matplotlib.pyplot as plt
from sklearn.datasets import load_breast_cancer
from sklearn.neighbors import  KNeighborsClassifier
from sklearn.model_selection import train_test_split

#正常显示中文
import matplotlib as mpl
mpl.rcParams['font.sans-serif'] = ['SimHei']

#加载数据集
cancer = load_breast_cancer()

#分为训练数据和测试数据
X_train, X_test, y_train, y_test = train_test_split(
    cancer.data, cancer.target, stratify = cancer.target, random_state=0)

#准备图形绘制列表
training_accuracy = []
test_accuracy =[]

#模型学习
for n_neighbors in range(1,21):
    model = KNeighborsClassifier(n_neighbors=n_neighbors)
    model.fit(X_train,y_train)
    training_accuracy.append(model.score(X_train, y_train))
    test_accuracy.append(model.score(X_test, y_test))

#绘制图形
plt.figure(figsize=(11, 7))
plt.plot(range(1,21), training_accuracy, label='训练集')
plt.plot(range(1,21), test_accuracy, label='测试集')
plt.ylabel('准确率',size=16)
plt.xlabel('近邻数',size=16)
```

```
#设置 x 轴和 y 轴的标签大小
plt.xticks(fontsize=15)
plt.yticks(fontsize=15)
plt.legend(fontsize=15)
```

运行上述代码，可以绘制出近邻数与准确率的折线图，如图 8-5 所示。从图形可以看出，随着近邻数 K 的增加，当 K 达到 17 时，模型的训练集和测试集准确率基本趋于一致，接近 0.94。

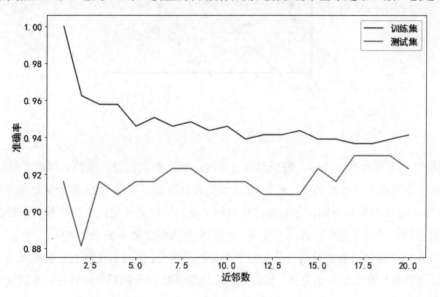

图 8-5 近邻数与准确率

8.6 支持向量机及其案例

支持向量机（SVM）是一种二分类模型，它的基本模型是定义在特征空间上的间隔最大的线性分类器，间隔最大使它有别于感知机。本节介绍支持向量机模型，以及乳腺癌患者的分类案例。

8.6.1 支持向量机简介

SVM 被提出于 1964 年，在 20 世纪 90 年代后得到快速发展并衍生出一系列改进和扩展算法，在人像识别、文本分类等模式识别问题中得到应用。

支持向量机学习的基本想法是求解能够正确划分训练数据集并且几何间隔最大的分离超平面。如图 8-6 所示，即为分离超平面，对于线性可分的数据集来说，这样的超平面有无穷多个（感知机），但是几何间隔最大的分离超平面却是唯一的。

支持向量机中有一个概念叫超平面，如图 8-6 所示的黑色向右上方倾斜的线就是一个超平面，超平面的作用是将给定的数据分开。

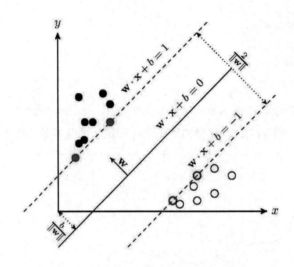

图 8-6　分离超平面

在二维平面上将数据分开时，超平面为一条线；如果数据集是三维的，则超平面是一个二维平面，更高维的情况可以以此类推。例如 1024 维的数据集就可以用 1023 维的某对象来分割。所以 N 维的用 N–1 维的对象来分割，该对象被称为超平面，也就是分类的决策边界。分布在超平面一侧的所有数据都属于某个类别，而分布在另一侧的所有数据则属于另一个类别。

但是，我们应该知道能将数据分开的超平面会有很多个，图 8-6 中就有三条直线（一条实线和两条虚线）可以将已有的数据集分开，那么我们应该选择哪一个超平面呢？这主要取决于间隔，点到超平面的距离称为间隔，我们希望最近点的间隔最大。也就是说，我们希望最近点到超平面的距离越远越好，这样模型出错的概率会越来越小。

8.6.2　支持向量机的建模

支持向量机算法要解决的是最优分类器的设计问题，既然叫作最优分类器，其本质必然是最优化问题。下面介绍支持向量机的建模过程。

在 n 维空间中，一个点坐标 $(x_0, x_1, x_2, \ldots, x_{n-1})$，该点的分类结果为 Y。一个超平面 $Ax + By + Cz + Da + \ldots + Z = 0$。根据点到平面的距离公式可以推知，点到该超平面的距离为：

$$d = \frac{|Ax_0 + Bx_1 + \ldots + Z|}{\sqrt{A^2 + B^2 + \ldots}}$$

设平面法向量为 $W = (A, B, C, \ldots)^{\mathrm{T}}$，将平面与点用向量形式表示为 $W^{\mathrm{T}}x + b = 0$，$X = (x_0, x_1, x_2, \ldots, x_{n-1})^{\mathrm{T}}$，则点到超平面的距离可以改写为：

$$r = \frac{|W^{\mathrm{T}}X + b|}{W^{\mathrm{T}}}$$

因为该式一定非负，但 $W^{\mathrm{T}}X + b$ 的符号决定了分类的结果，可以使用 $Y \times (W^{\mathrm{T}}X + b)$ 来代表是

否分类正确，若该式大于 0，则证明分类正确，令该式为函数间隔，即样本点 X_i（结果为 Y_i）到超平面 (W^T, b) 的函数间隔为：

$$\gamma_i = Y_i \left(W^T X_i + b \right)$$

对于整个数据集，我们选取所有样本点中最小的函数间隔作为整个数据集到超平面的函数间隔，即：

$$\hat{\gamma} = \min_{i=0,1,\dots} \gamma_i$$

因为函数间隔可能随着 W 与 b 的成倍扩大而扩大，但此时超平面并没有变化，所以需要对 W 与 b 进行约束。让该函数间隔除以 W 的 L2 范数进行规范化，这样的话 W 与 b 就是确定的了。我们称此：

$$\gamma_i = Y_i \left(\frac{W^T}{W^T} X_i + \frac{b}{W^T} \right)$$

为几何距离。对于整个数据集，我们选取所有样本点中最小的几何间隔作为整个数据集到超平面的几何间隔，即：

$$\gamma = \min_{i=0,1,\dots} \gamma_i$$

我们不难得出：

$$\gamma = \frac{\hat{\gamma}}{W^T}$$

自此，可以归纳出支持向量机的目的就是找到一个超平面：

$$\max_{W,b} \gamma$$

即：

$$\max_{W,b} \frac{\hat{\gamma}}{W^T}$$

这样，问题便化简为：

$$\begin{cases} \min\limits_{W,b} \dfrac{\hat{\gamma}}{W^T} \\ s.t\, Y_i \left(W^T X_i + b \right) \geqslant \hat{\gamma}.\, i = 0,1,\dots \end{cases}$$

因为函数间隔的取值对优化不产生影响，所以可以让函数间隔仅为 1，即只需要最大化剩下的部分，即：

$$\max_{W,b} \frac{1}{W^T}$$

又有：

$$\max_{W,b} \frac{1}{W^{\mathrm{T}}} \to \min_{W,b} W^{\mathrm{T}} \to \min_{W,b} W^{\mathrm{T}^2} \to \min_{W,b} \frac{1}{2} W^{\mathrm{T}^2}$$

其中最后的 $\frac{1}{2}$ 是为了后面求导以后形式简洁，不影响结果。

因此：

$$\begin{cases} \min_{W,b} \dfrac{1}{2} W^{\mathrm{T}^2} \\ s.t\, Y_i \left(W^T X_i + b \right) - 1 \geqslant 0.\, i = 0,1,\dots \end{cases}$$

最终问题转化成了在一个线性约束下的二次优化问题，可以采用拉格朗日乘子法，根据拉格朗日的对偶性解决。经过上述过程推导之后，可以得到支持向量机的一个重要性质"训练完成后，大部分的训练样本都不需要保留，最终模型仅与支持向量有关"。支持向量即那些位于最大间隔边界的样本点。这也可以看出，支持向量机对于小样本学习有着一定优势。

8.6.3 乳腺癌患者的分类

下面以 Sklearn 自带的乳腺癌患者数据集为例，介绍如何使用支持向量机对乳腺癌患者进行分类，示例代码如下：

```
#导入相关包或库
from sklearn.svm import LinearSVC

#将训练数据与测试数据分开的库
from sklearn.datasets import load_breast_cancer
from sklearn.model_selection import train_test_split

#读取数据
cancer = load_breast_cancer()

#分为训练数据和测试数据
X_train, X_test, y_train, y_test = train_test_split(
    cancer.data, cancer.target, stratify = cancer.target, random_state=0)

#LinearSVC 的初始化和学习
model = LinearSVC()
model.fit(X_train,y_train)

#模型准确率
print('训练集准确率:{:.3f}'.format(model.score(X_train, y_train)))
print('测试集准确率:{:.3f}'.format(model.score(X_test, y_test)))
```

运行上述代码，输出结果如下：

```
训练集准确率:0.930
测试集准确率:0.937
```

可以看出训练集准确率为 0.930，测试集准确率为 0.937。

此外，上面的数据是没有经过标准化的，在支持向量机中，对数据标准化处理可以改善模型的准确率，示例代码如下：

```
#导入相关包或库
from sklearn.svm import LinearSVC
from sklearn.datasets import load_breast_cancer
from sklearn.preprocessing import StandardScaler
from sklearn.model_selection import train_test_split

#读取数据
cancer = load_breast_cancer()

#分为训练数据和测试数据
X_train, X_test, y_train, y_test = train_test_split(
    cancer.data, cancer.target, stratify = cancer.target, random_state=0)

#数据标准化
sc = StandardScaler()
sc.fit(X_train)
X_train_std = sc.transform(X_train)
X_test_std = sc.transform(X_test)

#LinearSVC 的初始化和学习
model = LinearSVC()
model.fit(X_train_std,y_train)

#模型准确率
print('训练集准确率:{:.3f}'.format(model.score(X_train_std, y_train)))
print('测试集准确率:{:.3f}'.format(model.score(X_test_std, y_test)))
```

运行上述代码，输出结果如下：

```
训练集准确率:0.993
测试集准确率:0.951
```

可以看出模型的训练集准确率为 0.993，测试集准确率为 0.951，准确率都有大幅度的提升。

8.7 小结与课后练习

本章要点

1. 介绍了线性回归算法及其案例，并使用该算法对汽车价格进行了预测。

2. 介绍了逻辑回归算法及其建模，并使用该算法对客户收入进行了预测。

3. 通过实际案例比较了 Lasso 回归与 Ridge 回归两种回归算法。

4. 介绍了决策树算法及其建模，并使用该算法对蘑菇的类型进行预测。

5. 介绍了 K 近邻算法及其建模，并使用该算法对乳腺癌患者进行分类。

6. 介绍了支持向量机及其建模，并使用该算法对乳腺癌患者进行分类。

课后练习

练习 1：导入银行 bank.csv 数据集，并进行数据清洗。

练习 2：根据客户的工作类型，婚姻状况，是否有违约、房贷、贷款，建立逻辑回归模型，预测客户是否会开通手机银行。

练习 3：通过使用测试数据验证逻辑回归模型的准确性。

第9章

无监督式机器学习

无监督式机器学习没有标注输出,因此其目标是推断一组数据点中存在的自然结构。我们希望了解数据的内在结构,而不使用提供的标签,常用算法包括 K 均值聚类、主成分分析和关联分析等。本章我们通过案例介绍一些重要的无监督式机器学习算法。

9.1 聚类分析及其案例

聚类分析是一种探索性的分析,在分类的过程中,人们不必事先给出一个分类的标准,聚类分析能够从样本数据出发,自动进行分类。本节介绍 K 均值聚类算法及案例、使用手肘法判断聚类数、轮廓系数法判断聚类数。

9.1.1 K 均值聚类算法及案例

聚类分析是根据事物本身的特性研究个体的一种方法,目的在于将相似的事物归类。它的原则是同一类中的个体有较大的相似性,不同类别之间的个体差异性很大。聚类算法的特征:

- 适用于没有先验知识的分类。如果没有这些事先的经验或一些国际标准、国内标准、行业标准,分类便会显得随意和主观。这时只要设定比较完善的分类变量,就可以通过聚类分析法得到较为科学合理的类别。

- 可以处理多个变量决定的分类。例如,根据消费者购买量的大小进行分类比较容易,但如果在进行数据挖掘时要求根据消费者的购买量、家庭收入、家庭支出、年龄等多个指标进行分类,通常比较复杂,而聚类分析法可以解决这类问题。

- 是一种探索性分析方法，能够分析事物的内在特点和规律，并根据相似性原则对事物进行分组，是数据挖掘中常用的一种技术。

聚类分析被应用于很多方面，在商业上，聚类分析被用来发现不同的客户群，并且通过购买模式刻画不同的客户群特征；在西北领域，聚类分析被用来对动植物进行分类和对基因进行分类，获取对种群固有结构的认识；在保险行业上，聚类分析通过一个高的平均消费来鉴定汽车保险单持有者的分组，同时根据住宅类型、价值、地理位置来鉴定一个城市的房产分组；在互联网应用上，聚类分析被用来在网上进行文档归类以修复信息。

聚类分析的建模一般步骤如下：

（1）数据预处理

数据预处理包括选择数量、类型和特征的标度，它依靠特征选择和特征抽取：特征选择是选择重要的特征，特征抽取是把输入的特征转化为一个新的显著特征，它们经常被用来获取一个合适的特征集来避免"维数灾"进行聚类。数据预处理还包括将离群点（孤立点）移出数据，离群点是不依附于一般数据行为或模型的数据，因此孤立点经常会导致有偏差的聚类结果，为了得到正确的聚类，我们必须将它们剔除。

（2）为衡量数据点间的相似度定义一个距离函数

既然相似性是定义一个类的基础，那么不同数据之间在同一个特征空间相似度的衡量对于聚类步骤是很重要的，由于特征类型和特征标度的多样性，距离度量必须谨慎，它经常依赖于应用。例如，通常通过定义在特征空间的距离度量来评估不同对象的相异性，很多距离度量都应用在一些不同的领域，一个简单的距离度量（如欧式距离）经常被用作反映不同数据间的相异性。

常用来衡量数据点间的相似度的距离有海明距离、欧式距离、马氏距离等，公式如下：

海明距离：

$$d\left(x_i, x_j\right) = \sum_{k=1}^{m} \left| x_{ik} - x_{jk} \right|$$

欧氏距离：

$$d\left(x_i, x_j\right) = \sqrt{\sum_{k=1}^{m} \left(x_{ik} - x_{jk}\right)^2}$$

马氏距离：

$$d\left(x_i, x_j\right) = \left(x_i - x_j\right)^{\mathrm{T}} \Sigma^{-1} \left(x_i - x_j\right)$$

（3）聚类或分组

将数据对象分到不同的类中是一个很重要的步骤，数据基于不同的方法被分到不同的类中。划分方法和层次方法是聚类分析的两个主要方法。划分方法一般从初始划分和最优化一个聚类标准开始，主要方法包括：

- 明确聚类（Crisp Clustering），它的每个数据都属于单独的类。
- 模糊聚类（Fuzzy Clustering），它的每个数据都可能在任何一个类中。

明确聚类和模糊聚类是划分方法的两个主要技术,聚类的划分方法是基于某个标准产生一个嵌套的划分系列,它可以度量不同类之间的相似性或一个类的可分离性,用来合并和分裂类。其他的聚类方法还包括基于密度的聚类、基于模型的聚类、基于网格的聚类。

（4）评估输出

评估聚类结果的质量是另一个重要的阶段,聚类是一个无管理的程序,也没有客观的标准来评价聚类结果,它是通过一个类的有效索引来评价的。一般来说,几何性质,包括类之间的分离和类自身内部的耦合一般都用来评价聚类结果的质量。

K 均值聚类（K-Means）算法是比较常用的聚类算法,容易理解和实现相应的功能。

首先,我们要确定聚类的数量,并随机初始化它们各自的中心点,如图 9-1 所示的"×",然后通过算法实现最优。K 均值聚类算法的逻辑如下:

- 通过计算当前点与每个类别的中心之间的距离,对每个数据点进行分类,然后归到与之距离最近的类别中。
- 基于迭代后的结果,计算每一类内全部点的坐标平均值（质心）,作为新类别的中心。
- 迭代重复以上步骤,或者直到类别的中心点坐标在迭代前后变化不大。
- K 均值聚类算法的优点是模型执行速度较快,因为我们真正要做的是计算点和类别的中心之间的距离,因此具有线性的计算复杂度$O(n)$。另一方面,K 均值聚类算法有两个缺点:一个是先确定聚类的簇数量;另一个是随机选择初始聚类中心点坐标。

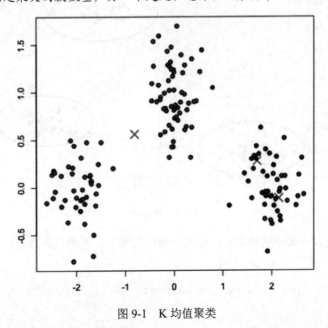

图 9-1　K 均值聚类

下面将以案例的形式介绍 K 均值聚类算法的过程,首先通过散点图确定聚类的簇数量,示例代码如下:

```
#导入相关包或库
import matplotlib.pyplot as plt
from sklearn.cluster import KMeans

#导入数据采集
from sklearn.datasets import make_blobs

#生成样本数据
#注意: make_blobs 函数返回两个值,因此对于未使用的返回值用 "_" 接收
X, _ = make_blobs(random_state=100)

#设置图形大小
plt.figure(figsize=(11, 7))

#设置 x 轴和 y 轴的标签大小
plt.xticks(fontsize=16)
plt.yticks(fontsize=16)

#绘制图形,可以使用颜色选项进行着色
plt.scatter(X[:,0],X[:,1],color='blue')
```

运行上述代码,绘制数据集的散点图,如图 9-2 所示。从图中可以看出,数据集可以分为 3 类,即 K 为 3。

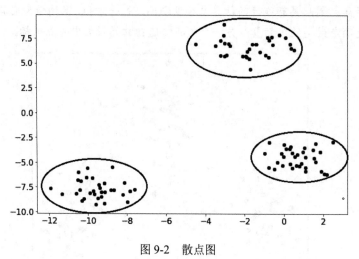

图 9-2 散点图

下面计算聚类过程中每个簇的质心,以及预测的簇编号,示例代码如下:

```
#导入相关包或库
kmeans = KMeans(init='random',n_clusters=3)

#计算簇的质心
kmeans.fit(X)

#预测簇的编号
```

```
y_pred = kmeans.predict(X)
y_pred
```

运行上述代码，输出结果如下：

```
array([2, 0, 1, 0, 2, 0, 1, 1, 2, 0, 2, 0, 1, 2, 1, 1, 2, 0, 0, 2, 2, 2,
       2, 0, 1, 2, 0, 1, 2, 0, 2, 1, 2, 0, 0, 2, 2, 0, 1, 0, 1, 2, 0, 1,
       1, 0, 0, 1, 1, 1, 1, 2, 0, 0, 2, 2, 0, 2, 0, 2, 1, 2, 2, 2, 1, 2,
       1, 0, 0, 1, 2, 2, 0, 0, 1, 2, 0, 1, 1, 0, 0, 2, 1, 1, 2, 0, 1, 0,
       0, 1, 0, 1, 1, 0, 1, 1, 2, 2, 1, 2])
```

下面使用 K-均值聚类算法对聚类结果进行可视化，示例代码如下：

```
#导入相关包或库
import pandas as pd

#正常显示中文
import matplotlib.pyplot as plt
plt.rcParams['font.sans-serif'] = ['SimHei']
plt.rcParams['axes.unicode_minus'] = False

#使用 concat 水平合并数据
merge_data = pd.concat([pd.DataFrame(X[:,0]), pd.DataFrame(X[:,1]),
pd.DataFrame(y_pred)], axis=1)

#将列名称指定为 X 轴的 feature1，将特征 2 命名为 Y 轴，将 cluster 指定为簇编号
merge_data.columns = ['特征 1','特征 2','簇']

ax = plt.subplot(111)

#设置刻度字体大小
plt.xticks(fontsize=16)
plt.yticks(fontsize=16)

#给 x 轴和 y 轴加上标签
plt.xlabel('特征 1',size=20)
plt.ylabel('特征 2',size=20)

colors = ['blue', 'red', 'green']
for i, data in merge_data.groupby('簇'):
    ax = data.plot.scatter(x='特征 1', y='特征 2',figsize=(11,7),
color=colors[i],label=f'集群{i}', ax=ax,fontsize=16)
        plt.legend(prop={'size':16})
```

运行上述代码，可以绘制基于 K 均值聚类结果的散点图，如图 9-3 所示。

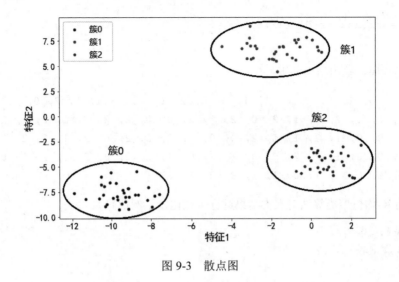

图 9-3 散点图

9.1.2 使用手肘法判断聚类数

在 K 均值聚类算法中，使用手肘法判断聚类数的核心指标是误差平方和（Sum of the Squared Errors，SSE），它是所有样本的聚类误差，代表了聚类效果的好坏，公式如下：

$$SSE = \sum_{i=1}^{k} \sum_{p \in C_i} |p - m_i|^2$$

其中，C_i 表示第 i 个簇，p 是 C_i 中的样本点，m_i 是 C_i 的质心（C_i 中所有样本的均值）。

手肘法的核心思想如下：

- 随着聚类数 k 的增大，样本划分会更加精细，每个簇的聚合程度会逐渐提高，那么误差平方和SSE自然会逐渐变小。

- 当 k 小于真实聚类数时，由于 k 的增大会大幅增加每个簇的聚合程度，故SSE的下降幅度会很大，而当 k 到达真实聚类数时，再增加 k 所得到的聚合程度回报会迅速变小，因此SSE的下降幅度会骤减，然后随着 k 值的继续增大而趋于平缓，也就是说SSE和 k 的关系图是一个手肘的形状，而这个肘部对应的 k 值就是数据的真实聚类数。

下面使用手肘法对上一节案例中的聚类数进行判断，示例代码如下：

```
#使用手肘法，聚类数从 1 ~ 15 逐渐增加
dist_list =[]
for i in range(1,15):
    kmeans= KMeans(n_clusters=i, init='random', random_state=0)
    kmeans.fit(X)
    dist_list.append(kmeans.inertia_)

#绘制图形
plt.figure(figsize=(11, 7))
```

```
#绘制图表
plt.plot(range(1,15), dist_list,marker='+')
plt.xlabel('聚类数',size=20)
plt.ylabel('误差平方和',size=20)
#设置 x 轴和 y 轴的标签大小
plt.xticks(fontsize=16)
plt.yticks(fontsize=16)
```

运行上述代码，结果如图 9-4 所示。从图中可以看出，对于这个数据集的聚类而言，最佳聚类数应该是 3。

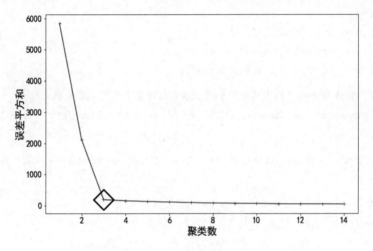

图 9-4　使用手肘法判断聚类数

9.1.3　轮廓系数法判断聚类数

在 K 均值聚类算法中，还可以使用轮廓系数法来确定最佳的聚类数，即选择使系数较大所对应的 k 值。

轮廓系数法的基本判断过程如下：

- 计算样本 i 到同一个簇其他样本的平均距离 a_i，a_i 越小，说明样本 i 越应该被聚类到该簇，将 a_i 称为样本 i 的簇内不相似度。
- 簇 C 中所有样本的 a_i 均值称为簇 C 的簇不相似度。
- 计算样本 i 到其他某簇 C_j 的所有样本的平均距离 b_{ij}，称为样本 i 与簇 C_j 的不相似度。定义为样本 i 的簇间不相似度：$b_i = \min\{b_{i1}, b_{i2}, ..., b_{ik}\}$。
- b_i 越大，说明样本 i 越不属于其他簇。

根据样本 i 的簇内不相似度 a_i 和簇间不相似度 b_i，定义样本 i 的轮廓系数，计算公式如下：

$$s_i = \frac{b_i - a_i}{\max\{a_i, b_i\}}$$

轮廓系数法的判断标准如下：

- 轮廓系数s_i范围为[−1,1]，该值越大，越合理。
- 若s_i接近1，则说明样本 i 聚类合理。
- 若s_i接近−1，则说明样本i更应该分类到另外的簇。
- 若s_i近似为0，则说明样本i在两个簇的边界上。
- 所有样本的s_i均值称为聚类结果的轮廓系数，是该聚类是否合理、有效的度量。

下面结合具体案例，使用 sklearn.metrics.silhouette_score sklearn 中有对应的求轮廓系数的 API，选择使系数较大所对应的 k 值，示例代码如下：

```
#导入相关包或库
import numpy as np
import matplotlib.pyplot as plt
from sklearn.datasets import make_blobs
from sklearn.cluster import KMeans

#轮廓系数法，前者为所有点的平均轮廓系数，后者返回每个点的轮廓系数
from sklearn.metrics import silhouette_score, silhouette_samples

#生成数据
x_true, y_true = make_blobs(n_samples= 1000, n_features= 2, centers= 4,
random_state= 1)

#绘制散点图
plt.figure(figsize= (11, 7))
plt.scatter(x_true[:, 0], x_true[:, 1], c= y_true, s= 10)

#设置刻度字体大小
plt.xticks(fontsize=16)
plt.yticks(fontsize=16)

plt.show()
```

运行上述代码，输出聚类结果的散点图，如图 9-5 所示。从图中可以初步判断聚类数为 4。

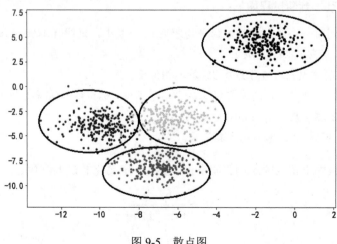

图 9-5　散点图

下面我们将基于轮廓系数法判断聚类分析中的最佳聚类数，示例代码如下：

```
#导入相关包或库
n_clusters = [x for x in range(3, 7)]

for i in range(len(n_clusters)):
    #实例化 K-Means 分类器
    clf = KMeans(n_clusters= n_clusters[i])
    y_predict = clf.fit_predict(x_true)

    #绘制分类结果
    plt.figure(figsize= (11, 7))
    plt.scatter(x_true[:, 0], x_true[:, 1], c= y_predict, s= 10)
    plt.title("聚类数= {}".format(n_clusters[i]),fontsize=20)

    ex = 0.5
    step = 0.01
    xx, yy = np.meshgrid(np.arrange(x_true[:, 0].min() - ex, x_true[:, 0].max()
+ ex, step),np.arrange(x_true[:, 1].min() - ex, x_true[:, 1].max() + ex, step))

    zz = clf.predict(np.c_[xx.ravel(), yy.ravel()])
    zz.shape = xx.shape
    plt.contourf(xx, yy, zz, alpha= 0.1)

    #设置刻度字体大小
    plt.xticks(fontsize=16)
    plt.yticks(fontsize=16)

    plt.show()

    #打印平均轮廓系数
    s = silhouette_score(x_true, y_predict)
        print("聚类数 = {}\n 轮廓系数 = {}".format(n_clusters[i], s))
```

运行上述代码，输出如图 9-6 ~ 图 9-9 所示的聚类分析散点图。其中，当聚类数为 3 时，轮廓系数为 0.5837874966810302，如图 9-6 所示。

当聚类数为 4 时，轮廓系数等于 0.6239074614020027，如图 9-7 所示。

当聚类数为 5 时，轮廓系数等于 0.5411262145796395，如图 9-8 所示。

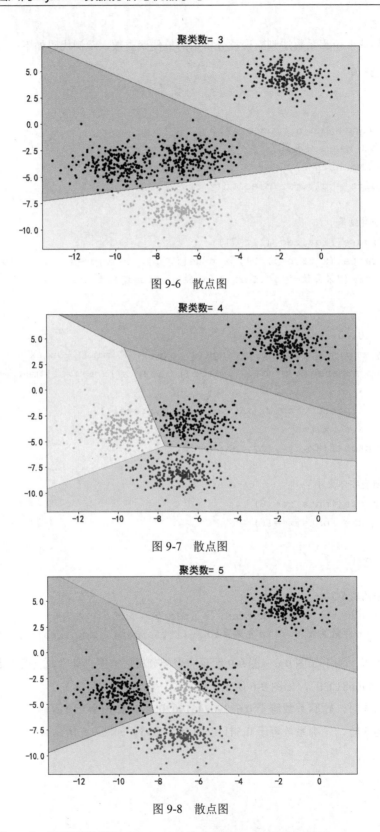

图 9-6　散点图

图 9-7　散点图

图 9-8　散点图

当聚类数为 6 时，轮廓系数等于 0.4814128954729739，如图 9-9 所示。

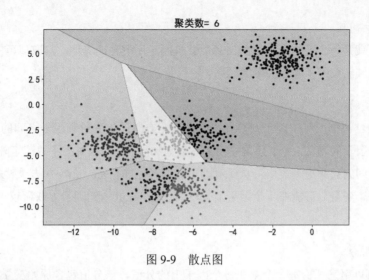

图 9-9　散点图

因此，可以看出当聚类数为 4 时，轮廓系数最大，即对于该数据集，聚成 4 类比较合适。

9.2　因子分析及其案例

因子分析（Factor Analysis）通过研究众多变量之间的内部依赖关系，探求观测数据中的基本结构，用少数几个独立的不可观测变量来表示其基本的数据结构。本节介绍因子分析，以及地区竞争力的因子分析案例。

9.2.1　因子分析概述

因子分析的基本思想是：根据相关性大小把变量分组，使得同组内的变量之间相关性较高，但不同组的变量不相关或相关性较低，每组变量代表一个基本结构，即公共因子。由于归结出的因子个数少于原始变量的个数，但是它们又包含原始变量的信息，因此这一分析过程也称为降维。

因子分析的方法有两类：一类是探索性因子分析，另一类是验证性因子分析。

- 探索性因子分析不事先假定因子与测度项之间的关系，而是让数据"自己说话"，主成分分析是其中的典型方法。
- 验证性因子分析假定因子与测度项的关系是部分知道的，即哪个测度项对应哪个因子。

为了更好地理解因子分析，需要了解以下相关概念：

（1）因子载荷

因子载荷就是每个原始变量和每个因子之间的相关系数，它反映了变量对因子的重要性。通过因子载荷值的高低，我们能知道变量在对应因子中的重要性大小，这样能够帮助我们发现因子的实际含义，有利于因子的命名。当有多个因子的时候，因子载荷将构成一个矩阵，称为因子载荷矩阵。

（2）变量共同度

变量共同度就是每个变量所包含的信息能够被因子所解释的程度，其取值范围为 0～1，取值越大，说明该变量能被因子解释的程度越高。

（3）因子旋转

因子分析的结果需要每个因子都要有实际意义，有时原始变量和因子之间的相关系数可能无法明显地表达出因子的含义，为了使这些相关系数更加显著，可以对因子载荷矩阵进行旋转，使原始变量和因子之间的关系更为突出，从而对因子的解释更加容易。旋转方法一般采用最大方差法，该方法能够使每个变量尽可能在一个因子上有较高载荷，在其余的因子上载荷较小，从而方便对因子进行解释。

（4）因子得分

因子得分可以用来评价每个个案在每个因子上的分值，该分值包含原始变量的信息，可以用于代替原始变量进行其他统计分析，比如回归分析，可以考虑将因子得分作为自变量，与对应的因变量进行回归。

9.2.2　因子分析的建模

因子分析是多个变量的降维，其建模基本过程如下：

（1）对原始数据进行标准化处理。

（2）计算数据的因子载荷矩阵。

因子分析基本模型如下：

$$\begin{cases} Z_1 = a_{11}F_1 + a_{12}F_2 + \cdots + a_{1p}F_p + c_1U_1 \\ Z_2 = a_{22}F_1 + a_{22}F_2 + \cdots + a_{2p}F_p + c_2U_2 \\ \cdots \\ Z_m = a_{m1}F_1 + a_{m2}F_2 + \cdots + a_{mp}F_p + c_mU_m \end{cases}$$

其中，Z_1、Z_2、...、Z_m 为原始变量，F_1、F_2、...、F_p 为公共因子，矩阵形式为：

$$Z_{m \times 1} = A_{m \times p} \cdot F_{p \times 1} + C_{m \times m} \cdot U_{m \times 1}$$

其中，A 为因子载荷矩阵，估计因子载荷矩阵的方法有主成分法、映像因子法、加权最小二乘法和最大似然法等。

（3）使用正交变换进行因子旋转。

建立因子分析数学模型不仅要找出公共因子并对变量进行分组，更重要的是知道每个公共因子的意义，以便对实际问题做出科学分析。当因子载荷矩阵 A 的结构不便对主因子进行解释时，可用一个正交阵右乘 A（对 A 实施一个正交变换）。由线性代数知识对 A 施行正交变换，对应坐标系就有一次旋转，便于对因子的意义进行解释。

（4）通过因子得分函数估计因子得分。

以公共因子表示原来因变量的线性组合，而得到因子得分函数。我们可以通过因子得分函数计算数据在各个公共因子上的得分，从而解决公共因子不可观测的问题。

9.2.3　地区竞争力的因子分析

衡量我国各省市综合发展情况的一些数据，数据来源于《中国统计年鉴》。数据表中选取了 6 个指标，分别是：人均 GDP、固定资产投资、社会消费品零售总额、农村人均纯收入、科研机构数量、卫生机构数量。下面将利用因子分析来提取公共因子，分析衡量发展因素的指标。实验的原始数据如表 9-1 所示。

表 9-1　地区竞争力数据

地　　区	人均 GDP（x1）	固定资产投资（x2）	社会消费品零售总额（x3）	农村人均纯收入（x4）	科研机构数量（x5）	卫生机构数量（x6）
北　京	10265	30.81	6235	3223	65	4955
天　津	8164	49.13	4929	2406	21	3182
河　北	3376	77.76	3921	1668	47	10266
山　西	2819	33.97	3305	1206	26	5922
内蒙古	3013	54.51	2863	1208	19	4915
辽　宁	6103	124.02	3706	1756	61	6719
...	...	...	...	...	...	...

下面对各省市综合发展情况数据进行因子分析，示例代码如下：

```
# 导入相关包或库
import pandas as pd
import numpy as np
import math as math
import numpy as np
from numpy import *
from scipy.stats import bartlett
from factor_analyzer import *
import numpy.linalg as nlg
from sklearn.cluster import KMeans
from matplotlib import cm
import matplotlib.pyplot as plt
import seaborn as sns
from matplotlib.pyplot import MultipleLocator

# 正常显示中文
plt.rcParams['font.sans-serif'] = ['SimHei']
plt.rcParams['axes.unicode_minus'] = False
```

```python
def main():
    df=pd.read_csv("region.csv")
    df2=df.copy()
    del df2['region']

    # 皮尔森相关系数
    df2_corr=df2.corr()
    print("\n相关系数:\n",df2_corr)

    # 热力图
    plt.figure(figsize=[12,7])                      # 指定图片大小
    sns.heatmap(df2_corr,annot=True, square=True, linewidths=1.0,
annot_kws={'size':16,'weight':'bold', 'color':'blue'})
    plt.title('相关系数热力图', size=20)
    plt.tick_params(labelsize=16)
    plt.show()

    # KMO 测度
    def kmo(dataset_corr):
        corr_inv = np.linalg.inv(dataset_corr)
        nrow_inv_corr, ncol_inv_corr = dataset_corr.shape
        A = np.ones((nrow_inv_corr, ncol_inv_corr))
        for i in range(0, nrow_inv_corr, 1):
            for j in range(i, ncol_inv_corr, 1):
                A[i, j] = -(corr_inv[i, j]) / (math.sqrt(corr_inv[i, i] *
corr_inv[j, j]))
                A[j, i] = A[i, j]
        dataset_corr = np.asarray(dataset_corr)
        kmo_num = np.sum(np.square(dataset_corr)) - np.sum(np.square
(np.diagonal(A)))
        kmo_denom = kmo_num + np.sum(np.square(A)) - np.sum(np.square
(np.diagonal(A)))
        kmo_value = kmo_num / kmo_denom
        return kmo_value
    print("\nKMO 测度:", kmo(df2_corr))

    # 巴特利特球形检验
    df2_corr1 = df2_corr.values
    print("\n巴特利特球形检验:", bartlett(df2_corr1[0],df2_corr1[1],
df2_corr1[2],df2_corr1[3],df2_corr1[4],df2_corr1[5]))

    # 求特征值和特征向量
    eig_value, eigvector = nlg.eig(df2_corr)
```

```
eig = pd.DataFrame()
eig['names'] = df2_corr.columns
eig['eig_value'] = eig_value
eig.sort_values('eig_value', ascending=False, inplace=True)
print("\n 特征值\n: ",eig)
eig1=pd.DataFrame(eigvector)
eig1.columns = df2_corr.columns
eig1.index = df2_corr.columns
print("\n 特征向量\n",eig1)

# 求公因子个数 m，使用前 m 个特征值的比重大于 85% 的标准，选出了公共因子是两个
for m in range(1, 2):
    if eig['eig_value'][:m].sum() / eig['eig_value'].sum() >= 0.85:
        print("\n 公因子个数:", m)
        break

# 因子载荷阵
A = np.mat(np.zeros((6, 2)))
i = 0
j = 0
while i < 2:
    j = 0
    while j < 6:
        A[j:, i] = sqrt(eig_value[i]) * eigvector[j, i]
        j = j + 1
    i = i + 1
a = pd.DataFrame(A)
a.columns = ['factor1', 'factor2']
a.index = df2_corr.columns
print("\n 因子载荷阵\n", a)
fa = FactorAnalyzer(n_factors=2)
fa.loadings_ = a

# 特殊因子方差，因子的方差贡献度，反映公共因子对变量的贡献
#print("\n 特殊因子方差:\n", fa.get_communalities())
var = fa.get_factor_variance()
print("\n 解释的总方差（即贡献率）:\n", var)

# 因子旋转
rotator = Rotator()
b = pd.DataFrame(rotator.fit_transform(fa.loadings_))
b.columns = ['factor1', 'factor2']
b.index = df2_corr.columns
```

```python
        print("\n 因子旋转:\n", b)

        # 因子得分
        X1 = np.mat(df2_corr)
        X1 = nlg.inv(X1)
        b = np.mat(b)
        factor_score = np.dot(X1, b)
        factor_score = pd.DataFrame(factor_score)
        factor_score.columns = ['factor1', 'factor2']
        factor_score.index = df2_corr.columns
        print("\n 因子得分: \n", factor_score)
        fa_t_score = np.dot(np.mat(df2), np.mat(factor_score))
        print("\n 各个地区的因子得分: \n",pd.DataFrame(fa_t_score))

        # 综合得分
        wei = [[0.50092], [0.137087]]
        fa_t_score = np.dot(fa_t_score, wei) / 0.864198
        fa_t_score = pd.DataFrame(fa_t_score)
        fa_t_score.columns = ['综合得分']
        fa_t_score.insert(0, 'region', range(1, 30))
        print("\n 综合得分: \n", fa_t_score)
        print("\n 综合得分: \n", fa_t_score.sort_values(by='综合得分',
ascending=False).head(3))


        plt.figure(figsize=(12,7))
        ax1=plt.subplot(111)
        X=fa_t_score['region']
        Y=fa_t_score['综合得分']
        plt.bar(X,Y,color="red")
        plt.tick_params(labelsize=16)
        plt.title('各地区综合竞争力得分',fontsize=20)
        # 自定义坐标轴刻度
        # 把 x 轴的刻度间隔设置为 1，并存储在变量中
        x_major_locator=MultipleLocator(1)
        ax=plt.gca()
        ax.xaxis.set_major_locator(x_major_locator)
        plt.xlim(0,30)
        #ax1.set_xticks(range(len(fa_t_score)))
        #ax1.set_xticklabels(fa_t_score.index)
        plt.show()

    if __name__ == '__main__':
        main()
```

（1）相关系数矩阵

计算皮尔森相关系数，从相关系数热力图可以看出变量间的相关性，如图 9-10 所示。从图中可以看出，$x1$ 与 $x4$、$x3$ 与 $x4$、$x1$ 与 $x3$、$x5$ 与 $x6$ 的相关系数较大。

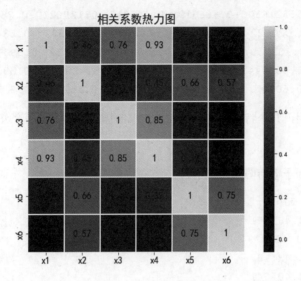

图 9-10　相关系数热力图

（2）KMO 测度和巴特利特球形检验

KMO 值在 0～1，越接近 1，使用因子分析效果越好，其中当 KMO 值在 0.9 以上时为非常好，0.8～0.9 为较好，0.7～0.8 为一般，0.6～0.7 为较差，0.5～0.6 为很差，0.5 以下为不能接受因子分析结果。

运行上述代码，输出 KMO 测度和巴特利球形检验的值如下：

```
KMO 测度：0.6349324749676976
```

```
巴特利特球形检验：BartlettResult(statistic=1.7113358332612933,
pvalue=0.8874685538662652)
```

通过观察计算结果可以看出 KMO 值为 0.6349324749676976，在较差的范围内，并且巴特利球形检验的值接近 1，效果不是很好。

（3）求解特征值及相应特征向量

运行上述代码，特征值输出如下：

```
:    names  eig_value
0    x1     3.326921
1    x2     1.786258
2    x3     0.497123
3    x4     0.261732
5    x6     0.088375
4    x5     0.039590
```

特征向量输出如下：

```
          x1        x2        x3        x4        x5        x6
x1  0.455558  0.366321 -0.271325  0.149628 -0.675976  0.324541
x2  0.401369 -0.321680 -0.666019 -0.441013  0.129621 -0.283811
x3  0.427910  0.322622  0.544250 -0.349841 -0.089522 -0.534974
x4  0.489563  0.303059  0.026379  0.138260  0.702929  0.393144
x5  0.380254 -0.452444  0.103122  0.726445 -0.029800 -0.333852
x6  0.252978 -0.601411  0.418644 -0.337480 -0.152459  0.511769
```

公因子个数，使用前几个特征值的比重大于 85% 的标准，选出了两个公共因子。

（4）因子载荷阵

运行上述代码，因子载荷阵输出如下：

```
        factor1    factor2
x1   0.830930   0.489591
x2   0.732091  -0.429929
x3   0.780502   0.431187
x4   0.892956   0.405041
x5   0.693577  -0.604696
x6   0.461428  -0.803792
```

解释的总方差（贡献率）输出如下：

```
(factor1    3.326921
factor2    1.786258
dtype: float64, factor1    0.554487
factor2    0.297710
dtype: float64, factor1    0.554487
factor2    0.852197
dtype: float64)
```

可以看出，选择两个公共因子，从方差贡献率可以看出，其中第一个公因子解释了总体方差的 55.4487%，前两个公共因子的方差贡献率为 85.2197%，可以较好地解释总体方差。

（5）因子旋转

运行上述代码，因子旋转输出如下：

```
        factor1    factor2
x1   0.959906  -0.093407
x2   0.338688  -0.778516
x3   0.884760  -0.110931
x4   0.960271  -0.198268
x5   0.204669  -0.897116
x6  -0.100197  -0.921389
```

（6）因子得分

运行上述代码，因子得分输出如下：

```
     factor1    factor2
x1  0.363249   0.074526
x2  0.036186  -0.324103
x3  0.331748   0.057019
x4  0.350454   0.025288
x5 -0.030770  -0.396377
x6 -0.152793  -0.445397
```

（7）综合得分

根据各个地区的因子得分，按照贡献率进行加权，得到最终各个地区的综合得分，如图 9-11 所示。从图中可以看出，前 3 个综合得分最高的地区分别是上海（4858.954400）、北京（3410.539479）、天津（2796.431192），对应的横轴坐标是 9、1、2。

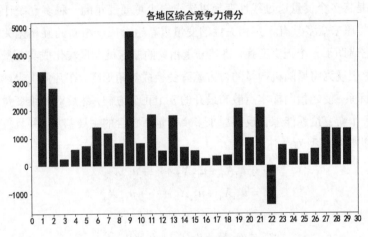

图 9-11　综合竞争力得分

9.3　主成分分析及其案例

主成分分析是一种简化数据集的技术。它是一个线性变换，这个变换把数据变换到一个新的坐标系统中，使得任何数据投影的第一大方差在第一个坐标（第一主成分）上，第二大方差在第二个坐标（第二主成分）上，以此类推。本节介绍主成分分析，以及乳腺癌患者的主成分分析案例。

9.3.1　主成分分析概述

在统计分析中，为了全面、系统地分析问题，我们必须考虑众多影响因素。这些涉及的因素一般称为指标，在多元统计分析中也称为变量。因为每个变量都在不同程度上反映了所研究问题的某些信息，并且指标之间彼此有一定的相关性，所以所得的统计数据反映的信息在一定程度上有重叠。在用统计方法研究多变量问题时，变量太多会增加计算量和增加分析问题的复杂性，人们希望在进行定量分析的过程中，涉及的变量较少，得到的信息量较多。主成分分析正是为适应这一要求产生的，是解决这类问题的理想工具。

主成分分析经常用于减少数据集的维数，同时保持数据集对方差贡献最大的特征。这是通过保留低阶的主成分，忽略高阶主成分做到的。这样低阶成分往往能够保留数据的重要方面。

例如，在对科普图书开发和利用这一问题的评估中，涉及科普创作人数、科普作品发行量、科普产业化（科普示范基地数）等多项指标。经过对数据进行主成分分析，最后确定几个主成分作为评价科普图书利用和开发的综合指标，变量数减少，并达到一定的可信度，就容易进行科普效果的评估。

9.3.2　主成分分析的建模

主成分分析是将多个变量通过线性变换以选出较少重要变量的一种多元统计分析方法。主成分分析的思想是将原来众多具有一定相关性的变量重新组合成一组新的互相无关的综合指标来代替原来的指标。它借助于一个正交变换，将其分量相关的原随机向量转化成其分量不相关的新随机向量，这在代数上表现为将原随机向量的协方差阵变换成对角形阵，在几何上表现为将原坐标系变换成新的正交坐标系，使之指向样本点散布最开的 p 个正交方向，然后对多维变量系统进行降维处理。方差较大的几个新变量就能综合反映原来多个变量所包含的主要信息，并且包含自身特殊的含义。主成分分析的数学模型为：

$$z_1 = u_{11}X_1 + u_{12}X_2 + \cdots + u_{1p}X_p$$
$$z_2 = u_{21}X_1 + u_{22}X_2 + \cdots + u_{2p}X_p$$
$$\cdots$$
$$z_p = u_{p1}X_1 + u_{p2}X_2 + \cdots + u_{pp}X_p$$

其中，$z_1, z_2, \cdots, z_p$ 为 p 个主成分。

主成分分析的建模步骤如下：

（1）对原有变量进行坐标变换，可得：

$$z_1 = u_{11}x_1 + u_{21}x_2 + \ldots + u_{p1}x_p$$
$$z_2 = u_{12}x_1 + u_{22}x_2 + \ldots + u_{p2}x_p$$
$$\cdots$$
$$z_p = u_{1p}x_1 + u_{2p}x_2 + \ldots + u_{pp}x_p$$

其中，参数需要满足如下条件：

$$u_{1k}^2 + u_{2k}^2 + ... + u_{pk}^2 = 1$$

$$\mathrm{var}(z_i) = U_i^2 D(x) = U_i' D(x) U_i$$

$$\mathrm{cov}(z_i, z_j) = U_i' D(x) U_j$$

（2）提取主成分。z_1 称为第一主成分，满足条件如下：

$$u_1' u_1 = 1$$

$$\mathrm{var}(z_1) = \max \mathrm{var}(u'x)$$

z_2 称为第二主成分，满足条件如下：

$$\mathrm{cov}(z_1, z_2) = 0$$

$$u_2' u_2 = 1$$

$$\mathrm{var}(z_2) = \max \mathrm{var}(U'X)$$

其余主成分以此类推。

9.3.3　乳腺癌患者的主成分分析

下面以乳腺癌为例介绍主成分分析，首先绘制每个解释变量与目标变量关系的直方图，示例代码如下：

```python
#导入相关包或库
import numpy as np
import matplotlib.pyplot as plt
from sklearn.datasets import load_breast_cancer

#获取乳腺癌数据
cancer = load_breast_cancer()

#恶性肿瘤患者
malignant = cancer.data[cancer.target==0]

#良性肿瘤患者
benign = cancer.data[cancer.target==1]

#绘制直方图
fig, axes = plt.subplots(6,5,figsize=(12,12))
ax = axes.ravel()
for i in range(30):
    _,bins = np.histogram(cancer.data[:,i], bins=50)
    ax[i].hist(malignant[:,i], bins, alpha=.5)
    ax[i].hist(benign[:,i], bins, alpha=.5)
    ax[i].set_title(cancer.feature_names[i],fontsize=16)
```

```
        ax[i].set_yticks(())
```

```
#设置标签
ax[0].set_ylabel('数量',fontsize=16)
ax[0].legend(['恶性','良性'],loc='best')
fig.tight_layout()
```

运行上述代码，结果如图 9-12 所示。每个图都是一个直方图，显示每个解释变量（平均半径等）与目标变量之间的关系。

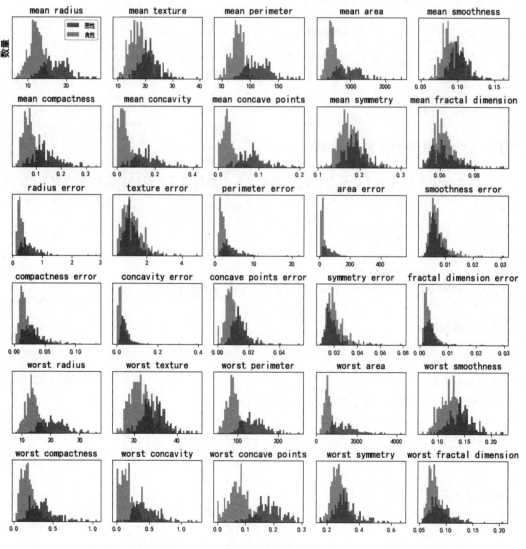

图 9-12　直方图

接下来对数据进行标准化，并进行主成分分析，计算每个成分的方差解释比，示例代码如下：

```
#导入相关包或库
from sklearn.decomposition import PCA
```

```
from sklearn.preprocessing import StandardScaler

sc = StandardScaler()
X_std = sc.fit_transform(cancer.data)

#主成分分析
pca = PCA(n_components=2)
pca.fit(X_std)
X_pca = pca.transform(X_std)

#绘制图形
print('PCA 形状:{}'.format(X_pca.shape))
print('方差解释比:{}'.format(pca.explained_variance_ratio_))
```

运行上述代码，输出结果如下：

```
PCA 形状:(569, 2)
方差解释比:[0.44272026 0.18971182]
```

最后，对两个主成分进行可视化分析，示例代码如下：

```
#导入相关包或库
import pandas as pd

X_pca = pd.DataFrame(X_pca, columns=['pc1','pc2'])

#将目标变量（cancer.target）链接到上面的数据，并将其水平组合
X_pca = pd.concat([X_pca, pd.DataFrame(cancer.target, columns=['target'])],
axis=1)

#区分恶性和良性
pca_malignant = X_pca[X_pca['target']==0]
pca_benign = X_pca[X_pca['target']==1]

ax = pca_malignant.plot.scatter(x='pc1', y='pc2', color='red',
label='malignant',figsize=(11, 7));

#绘制良性散点图
pca_benign.plot.scatter(x='pc1', y='pc2', color='blue', label='benign',
ax=ax)

#给 x 轴和 y 轴加上标签
plt.xlabel('成分 1',size=20)
plt.ylabel('成分 2',size=20)
```

```
#设置刻度字体大小
plt.xticks(fontsize=16)
plt.yticks(fontsize=16)

#设置图例字体和大小
plt.legend(prop={'size':16})
```

运行上述代码，绘制基于两个主成分的恶性和良性散点图，如图 9-13 所示。

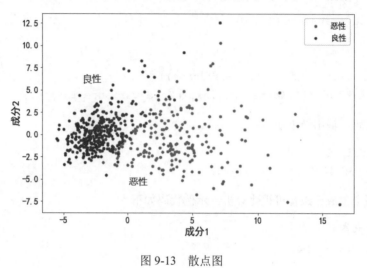

图 9-13　散点图

9.4　关联分析及其案例

关联分析是指如果两个或多个事物之间存在一定的关联，那么其中一个事物就能通过其他事物进行预测，其目的是为了挖掘隐藏在数据间的相互关系，从中寻找重复出现概率很高的模式或规则。本节介绍关联分析，以及电商商品购物篮分析案例。

9.4.1　关联分析概述

关联分析是寻找在同一个事件中出现的不同项的相关性，比如在一次购买活动中所买不同商品的相关性。关联规则挖掘主要考虑支持度和置信度两个阈值。支持度是一个重要的度量，如果支持度很低，代表这个规则其实只是偶然出现，基本没有意义。因此，支持度通常用来删除那些无意义的规则。置信度则是通过规则进行推理，具有可靠性。以 c(X->Y)来说，只有置信度越高，Y 出现在包含 X 的事务中的概率才越大，否则这个规则没有意义。

通常我们在进行关联分析的时候都会设定支持度和置信度阈值，而关联规则发现则是发现那些支持度大于等于设定支持度，并且置信度大于设定置信度的所有规则，所以提高关联分析算法效率最简单的办法就是提高支持度和置信度的阈值。在这里，所有支持度大于最小支持度的项集称为频繁项集，简称频集。

发现频繁项集的常用方法如下：

1. Apriori算法

Apriori 算法是一种最有影响的挖掘布尔关联规则频繁项集的算法，其是基于两阶段频集思想的递推算法。该关联规则在分类上属于单维、单层、布尔关联规则。

该算法的基本思想是：首先找出所有的频繁项集，这些项集出现的频繁性至少和预定义的最小支持度一样，然后由频集产生强关联规则，这些规则必须满足最小支持度和最小可信度，再使用第一步找到的频集产生期望的规则，产生只包含集合的项的所有规则，其中每一条规则的右部只有一项，一旦这些规则被生成，那么只有那些大于用户给定的最小可信度的规则才被留下来。为了生成所有频集，使用了递推的方法。可能产生大量的候选集，以及可能需要重复扫描数据库是 Apriori 算法的两大缺点。

2. 基于划分的算法

基于划分的算法先把数据库从逻辑上分成几个互不相交的块，每次单独考虑一个分块并对它生成所有的频集，然后把产生的频集合并，用来生成所有可能的频集，最后计算这些频集的支持度。这里分块的大小选择要使得每个分块可以被放入主存，每个阶段只需被扫描一次。该算法是可以高度并行的，可以把每一分块分别分配给某一个处理器生成频集。产生频集的每一个循环结束后，处理器之间进行通信来产生全局的候选 K-频集。通常这里的通信过程是算法执行时间的主要瓶颈；另一方面，每个独立的处理器生成频集的时间也是一个瓶颈。

3. FP-树频集算法

针对 Apriori 算法的固有缺陷，J.Han 等人提出了不产生候选挖掘频繁项集的方法：FP-树频集算法。采用分而治之的策略，在经过第一遍扫描之后，把数据库中的频集压缩进一棵频繁模式树，同时依然保留其中的关联信息，随后将 FP-树分化成一些条件库，每个库和一个长度为 1 的频集相关，再对这些条件库分别进行挖掘。当原始数据量很大的时候，也可以结合划分的方法使得一个FP-树可以放入主存中。实验表明，FP-树频集算法对不同长度的规则都有很好的适应性，同时在效率上较之 Apriori 算法有巨大的提高。

9.4.2　关联分析的建模

关联分析的一个典型例子是购物篮分析：市场分析员要从大量的数据中发现顾客放入其购物篮中的不同商品之间的关系。如果顾客买牛奶，同时购买面包的可能性有多大？什么商品组合顾客多半会在一次购物时同时购买？例如，买牛奶的顾客中有 80%的人同时会买面包，或买铁锤的顾客中有 70%的人同时会买铁钉，这就是从购物篮数据中提取的关联规则。

关联分析的挖掘过程主要包含两个阶段：

（1）第一阶段必须先从数据集中找出所有的高频项目组

关联规则挖掘的第一阶段必须从原始数据集中找出所有高频项目组。高频的意思是某一项目组出现的频率相对于所有记录而言必须达到某一水平。一个项目组出现的频率称为支持度（Support），以一个包含 A 与 B 两个项目的 2-itemset 为例，我们可以求得包含{A,B}项目组的支持度，若支持度大于等于所设定的最小支持度门槛值，则{A,B}称为高频项目组。一个满足最小支持度的 k-itemset，称为高频 k-项目组（Frequent K-Itemset），一般表示为 Large k，并从 Large k 的项目组中再产生 Large k+1，直到无法找到更长的高频项目组为止。

（2）第二阶段由这些高频项目组产生关联规则

关联规则挖掘的第二阶段是要产生关联规则。从高频项目组产生的关联规则是利用前一步的高频 k-项目组来产生的，在最小信赖度的条件门槛下，若一规则所求得的信赖度满足最小信赖度，则称此规则为关联规则。例如，经由高频 k-项目组{A,B}所产生的规则 AB 计算出信赖度，若信赖度大于等于最小信赖度，则称 AB 为关联规则。

关联分析通常比较适用于记录中的指标取离散值的情况。如果原始数据库中的指标值是取连续的数据，则在关联规则挖掘之前应该进行适当的数据离散化（实际上就是将某个区间的值对应于某个值）。数据离散化是数据挖掘前的重要环节，离散化的过程是否合理将直接影响关联规则的挖掘结果。

9.4.3 电商商品购物篮分析

下面以某电商平台的商品销售记录数据为例，深入介绍关联分析，示例代码如下：

```
#导入相关包或库
import pandas as pd
trans = pd.read_csv(r'D:\Python 数据分析与机器学习全视频案例\ch09\Retail.csv')
trans['cancel_flg'] = trans.InvoiceNo.map(lambda x:str(x)[0])
trans.groupby('cancel_flg').size()
```

运行上述代码，输出结果如下：

```
cancel_flg
5      532618
A           3
C        9288
dtype: int64
```

代码如下：

```
#导入相关库
trans = trans[(trans.cancel_flg == '5') & (trans.CustomerID.notnull())]
trans['StockCode'].value_counts().head(5)
```

运行上述代码，输出结果如下：

```
85123A     2035
22423      1724
85099B     1618
84879      1408
47566      1397
Name: StockCode, dtype: int64
```

计算购买产品 85123A 和 85099B 的示例代码如下：

```
#导入相关包或库
trans_all = set(trans.InvoiceNo)

#将购买产品85123A的数据设置为 trans_a
trans_a = set(trans[trans['StockCode']=='85123A'].InvoiceNo)
print(len(trans_a))

#将购买商品85099B的数据设置为 trans_b
trans_b = set(trans[trans['StockCode']=='85099B'].InvoiceNo)
print(len(trans_b))

#将购买产品85123A和85099B的数据设置为 trans_ab
trans_ab = trans_a&trans_b
print(len(trans_ab))
```

运行上述代码，输出结果如下：

```
1978
1600
252
```

包含两种产品的购物篮数量，代码如下：

```
print('包含两种产品的购物篮数量:{}'.format(len(trans_ab)))
print('包括两种产品在内的总购物篮百分比:{:.3f}'.format(len(trans_ab)/
len(trans_all)))
```

输出结果如下：

```
包含两种产品的购物篮数量:252
包括两种产品在内的总购物篮百分比:0.014
```

包含商品 85123A 的购物篮数量，代码如下：

```
print('包含商品85123A的购物篮数量:{}'.format(len(trans_a)))
print('包括产品85123A在内的总购物篮百分比:{:.3f}'.format(len(trans_a)/
len(trans_all)))
```

输出结果如下：

```
包含商品 85123A 的购物篮数量:1978
包括产品 85123A 在内的总购物篮百分比:0.107
```

包含商品 85099B 的购物篮数量，代码如下：

```
print('包含商品 85099B 的购物篮数量:{}'.format(len(trans_b)))
print('包括产品 85099B 在内的总购物篮百分比:{:.3f}'.format(len(trans_b)/
len(trans_all)))
```

输出结果如下：

```
包含商品 85099B 的购物篮数量:1600
包括产品 85099B 在内的总购物篮百分比:0.086
```

计算置信度的代码如下：

```
print('置信度:{:.3f}'.format(len(trans_ab)/len(trans_a)))
```

运行上述代码，输出模型的置信度为 0.127。

```
置信度:0.127
```

计算置信度的代码如下：

```
print('置信度:{:.3f}'.format(len(trans_ab)/len(trans_b)))
```

运行上述代码，输出模型的置信度为 0.158。

```
置信度:0.158
```

计算支持度和提升度等，代码如下：

```
#计算支持度
support_b = len(trans_b) / len(trans_all)

#计算购买产品 A 时产品 B 的购买率
confidence = len(trans_ab) / len(trans_a)

#计算清单值
lift = confidence / support_b
print('提升度:{:.3f}'.format(lift))
```

运行上述代码，输出结果如下：

```
提升度:1.476
```

可以看出模型的提升度为 1.476。

9.5　离群点检测及其案例

数据中的离群点往往蕴含着更多重要的信息，而处理这些离群数据要依赖于相应的数据挖掘技术。本节介绍离群点检测的技术、椭圆模型拟合及案例、局部离群因子及案例。

9.5.1　离群点检测概述

随着数据挖掘技术的快速发展，人们在关注数据整体趋势的同时，开始越来越关注那些明显偏离数据整体趋势的离群数据点。离群点挖掘的目的是有效地识别出数据集中的异常数据，并且挖掘出数据集中有意义的潜在信息。

离群点跟噪声数据不一样，噪声是被观测变量的随机误差或方差。一般而言，噪声在数据分析（包括离群点分析）中不是令人感兴趣的，需要在数据预处理中剔除，减少对后续模型预估的影响，提高精度。出现离群点的原因各不相同，其中主要有以下几种情况：

- 数据来源于异类：如欺诈、入侵、疾病暴发、不同寻常的实验结果等。这类离群点的产生机制偏离正常轨道，往往是被关注的重点。
- 数据变量固有的变化：自然、周期发生等反映数据集的分布特征，如气候的突然变化、顾客新型购买模式、基因突变等。
- 数据测量或收集误差：主要是系统误差、人为的数据读取偏差、测量设备出现故障或噪音干扰。
- 随机或人为误差：主要原因是实验平台存在随机机制，同时人为录入数据等过程中可能出现的误差。

离群点检测是有意义的，因为怀疑产生它们的分布不同于产生其他数据的分布。因此，在离群点检测时，重要的是搞清楚是哪种外力产生的离群点。离群点检测在相应的应用领域有着广泛前景。其中工程应用领域主要有以下几个方面：

- 欺诈检测：信用卡的不正当行为，如信用卡、社会保障的欺诈行为或者银行卡、电话卡的欺诈使用等。
- 工业检测：如计算机网络的非法访问等。
- 活动监控：通过实时检测手机活跃度或者股权市场的可疑交易，从而实现检测移动手机诈骗行为等。
- 网络性能：计算机网络性能检测（稳健性分析），检测网络堵塞情况等。
- 自然生态应用领域：生态系统失调、异常自然气候的发现等。
- 公共服务领域：公共卫生中的异常疾病的爆发、公共安全中的突发事件的发生等。

目前，随着离群点检测技术的日渐成熟，在未来的发展中将会应用在更多的行业中，并且能更好地为人类的决策提供指导作用。

离群点检测的一个目标是从看似杂乱无章的大量数据中挖掘有价值的信息，使这些数据更好地为我们的日常生活所服务。但是现实生活中的数据往往具有成百上千的维数，并且数据量极大，这无疑给目前现有的离群点检测方法带来大难题。传统的离群点检测方法虽然在各自特定的应用领域表现出了很好的效果，但在高维大数据集中却不再适用。因此，如何把离群点检测方法有效地应用于大数据、高维数数据，是目前离群点检测方法的首要目标之一。

9.5.2　椭圆模型拟合及案例

多元数据集存在偏离正常范围的"离群点"。一般在预处理数据环节，需要检测出离群点，再进行处理。

离群点产生的原因可能是数据中存在某些点来自于与总体分布不同的其他分布。具体而言，假设多元数据集大多数样本服从分布 F，少量样本服从分布 G，则将少量样本定义为离群点。

一般采用马氏距离来检验某个样本是否为离群点。在计算距离的过程中需要提供均值估计量和协方差估计量，这两个参数容易被离群值影响而发生偏离，导致马氏距离计算不准确，最终影响离散点的判断。

实现离群点检测的一种常见方式是假设常规数据来自已知分布（例如数据服从高斯分布）。从这个假设来看，我们通常试图定义数据的"形状"，并且可以将偏远观测（Outlying Observation）定义为足够远离拟合形状的观测。

Scikit-Learn 提供了 covariance.EllipticEnvelope 对象，它能拟合出数据的稳健协方差估计，从而为中心数据点拟合出一个椭圆，忽略不和该中心模式相关的点。

例如，假设数据服从高斯分布，它将稳健地（不受异常值的影响）估计位置和协方差，估计得到的马氏距离用于得出偏远性度量。

由于直接计算均值和协方差两个估计量易受离群值影响而发生偏移，马氏距离计算不准确，进而对离群值的判断出现失误。为了获取更加稳健的估计量，最小协方差行列式（Minimum Covariance Determinant，MCD）被提出，提高了离群点探测的准确度。利用最小协方差行列式计算可以获取更稳健的均值和协方差估计量，再根据马氏距离计算，可以更精准地探测离群点。其基本原理是找到样本量为 s 的子集，使得在所有大小为 s 的子集中，该子集的协方差矩阵的行列式是最小的。

下面的案例说明对位置和协方差使用标准估计或稳健估计来评估观测值的偏远性的差异，示例代码如下：

```
#导入相关包或库
import numpy as np
import matplotlib.pyplot as plt
from sklearn.covariance import EmpiricalCovariance, MinCovDet
```

```
#正常显示中文
plt.rcParams['font.sans-serif'] = ['SimHei']
plt.rcParams['axes.unicode_minus'] = False

n_samples = 150
n_outliers = 50
n_features = 2

#生成数据
gen_cov = np.eye(n_features)
gen_cov[0, 0] = 2.
X = np.dot(np.random.randn(n_samples, n_features), gen_cov)

#添加一些离群点
outliers_cov = np.eye(n_features)
outliers_cov[np.arrange(1, n_features), np.arrange(1, n_features)] = 7.
X[-n_outliers:] = np.dot(np.random.randn(n_outliers, n_features),
outliers_cov)

#稳健估计拟合数据
robust_cov = MinCovDet().fit(X)

#估计量与真实参数比较
emp_cov = EmpiricalCovariance().fit(X)

#显示结果
fig = plt.figure(figsize= (11, 8))
plt.subplots_adjust(hspace=-.15, wspace=.6, top=.95, bottom=.05)

#显示数据集
subfig1 = plt.subplot(3, 1, 1)
inlier_plot = subfig1.scatter(X[:, 0], X[:, 1],color='black', label='正常值
')
outlier_plot = subfig1.scatter(X[:, 0][-n_outliers:], X[:, 1][-n_outliers:],
color='red', label='离群点')
subfig1.set_xlim(subfig1.get_xlim()[0], 11.)
subfig1.set_title("数据集的马氏距离", fontsize=16)

#显示距离函数的轮廓
xx, yy = np.meshgrid(np.linspace(plt.xlim()[0], plt.xlim()[1], 100),
                     np.linspace(plt.ylim()[0], plt.ylim()[1], 100))
zz = np.c_[xx.ravel(), yy.ravel()]
```

```python
#极大似然估计
mahal_emp_cov = emp_cov.mahalanobis(zz)
mahal_emp_cov = mahal_emp_cov.reshape(xx.shape)
emp_cov_contour = subfig1.contour(xx, yy, np.sqrt(mahal_emp_cov),
                                  cmap=plt.cm.PuBu_r,linestyles='dashed')

#最小协方差行列式
mahal_robust_cov = robust_cov.mahalanobis(zz)
mahal_robust_cov = mahal_robust_cov.reshape(xx.shape)
robust_contour = subfig1.contour(xx, yy, np.sqrt(mahal_robust_cov),
                                 cmap=plt.cm.YlOrBr_r, linestyles='dotted')

subfig1.legend([emp_cov_contour.collections[1],
robust_contour.collections[1],inlier_plot, outlier_plot],['极大似然估计距离', '最
小协方差行列式距离', '正常值', '离群点'],loc="upper right", borderaxespad=0,
fontsize=15)

plt.xticks(())
plt.yticks(())

#绘制每个点的分数
emp_mahal = emp_cov.mahalanobis(X - np.mean(X, 0)) ** (0.5)
subfig2 = plt.subplot(2, 2, 3)
subfig2.boxplot([emp_mahal[:-n_outliers], emp_mahal[-n_outliers:]],
widths=.15)
subfig2.plot(np.full(n_samples - n_outliers, 1.26),
            emp_mahal[:-n_outliers], '+k', markeredgewidth=1)
subfig2.plot(np.full(n_outliers, 2.26),
            emp_mahal[-n_outliers:], '+k', markeredgewidth=1)
subfig2.axes.set_xticklabels(('正常值', '离群点'), size=15)
subfig2.set_ylabel(r"马氏距离的平方根", size=15)
subfig2.set_title("1.不稳健估计\n(极大似然估计)", fontsize=16)
plt.yticks(())

robust_mahal = robust_cov.mahalanobis(X - robust_cov.location_) ** (0.5)
subfig3 = plt.subplot(2, 2, 4)
subfig3.boxplot([robust_mahal[:-n_outliers],
robust_mahal[-n_outliers:]],widths=.25)
subfig3.plot(np.full(n_samples - n_outliers, 1.26),
            robust_mahal[:-n_outliers], '+k', markeredgewidth=1)
subfig3.plot(np.full(n_outliers, 2.26),
            robust_mahal[-n_outliers:], '+k', markeredgewidth=1)
subfig3.axes.set_xticklabels(('正常值', '离群点'), size=15)
```

```
subfig3.set_ylabel(r"马氏距离的平方根", size=15)
subfig3.set_title("2.稳健估计\n(最小协方差行列式)", fontsize=16)
plt.yticks(())

plt.show()
```

运行上述代码，输出如图 9-14 所示。

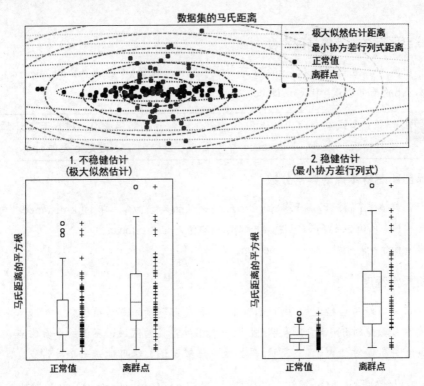

图 9-14　标准估计或稳健估计

9.5.3　局部离群因子及案例

对轻度的高维数据（维数勉强算是高维）实现异常值检测的另一种有效方法是使用局部离群因子（Local Outlier Factor，LOF）算法。该算法计算出反映观测异常程度的得分（称为局部离群因子）。算法思想是检测出具有比其邻近点明显更低密度的样本。

LOF 算法是基于密度的经典算法，由慕尼黑大学的 Markus M. Breunig 等发表在 2000 年的数据库顶级会议 SIGMOD 上，论文为 *LOF: Identifying Density-Based Local Outliers*。

LOF 旨在发现数据集中的异常模式。在 LOF 之前，对异常的认知是非黑即白的，一个样本点要么是正常点，要么是异常点。而 Breunig 等量化每个样本点的异常程度，并认为这取决于样本点跟周围邻居的密度对比。LOF 的核心思想是，异常与否取决于局部环境，因而被命名为"局部异常因子算法"。

LOF 的优点在于它简单、直观，不需要知道数据集的分布，并能量化每个样本点的异常程度。

- 局部密度：LOF认为，某个样本点p的第k个最近邻居越近，表明靠近它的邻居越多，它的局部密度越大；反之，第k个最近邻居越远，它的局部密度越小。因此，LOF将样本点p的局部密度定义为第k个最近邻居的距离的倒数。
- 异常程度：p异常与否并不是取决于p的局部密度，而是取决于p的局部密度与邻居们的局部密度的对比。比如，p的局部密度虽然小，但它的邻居们的局部密度都很小，那么p的异常程度就很低。反而，p的局部密度小，邻居们的局部密度都很大，那么p的异常程度就很高。

1. 计算出所有样本点的局部密度

- 计算出所有其他点到样本点p的距离，升序排列，取第k个距离为k-distance。
- 样本点p的局部密度$\rho=1/k\text{-distance}$。

 若有 k 个或 k 个以上的点跟 p 重合，即到 p 的距离是 0，则 ρ 无法计算，要排除这种情况。或者，k-distance 都加上一个很小的值，避免 ρ 无法计算。

2. 计算出所有样本点的异常分数

- 所有离样本点p的距离小于等于k-distance的点的集合为N，即p的k-distance以内的邻居们。
- 计算出N中所有点的局部密度，并取其平均值，记为$\rho\text{-mean}$。
- 样本点p的异常分数score = $\rho\text{-mean}/\rho$。

3. 分析异常程度

- 若异常分数绝对值接近1，则说明样本点p的局部密度跟邻居接近。
- 若异常分数绝对值小于1，表明p处于一个相对密集的区域，不像一个异常点。
- 若异常分数绝对值大于1，表明p跟其他点比较疏远，很可能是一个异常点。

Sklearn 中已经实现了 LOF 算法，其模型函数是 LocalOutlierFactor()，函数参数如下：

sklearn.neighbors.LocalOutlierFactor(n_neighbors=20,algorithm='auto',leaf_size=30,metric='minkowski', p=2, metric_params=None, contamination='legacy', novelty=False, n_jobs=None)

参数说明：

- n_neighbors：int类型参数，取离样本点p第k个最近的距离，k=n_neighbors。
- algorithm='auto'：str类型参数，即内部采用什么算法实现，选项有'auto'、'ball_tree'、'kd_tree'、'brute'。默认为'auto'，即自动根据数据选择合适的算法；'brute'为暴力搜索。一般低维数据用kd_tree（基于欧氏距离的特性）速度快，用ball_tree（基于一般距离的特性）相对较慢。超过20维的高维数据用kd_tree效果不佳，而ball_tree效果好。
- leaf_size：int类型参数，基于以上介绍的算法，此参数给出了kd_tree或者ball_tree叶节点的规模，叶节点的不同规模会影响树的构造和搜索速度，同样会影响存储树所需内存的大小。
- contamination：设置样本中异常点的比例，默认为0.1。
- metric：str类型参数或者距离度量对象，即怎样度量距离。默认是闵氏距离minkowski。

- p:　int型参数，就是以上闵氏距离各种不同的距离参数，默认为2，即欧氏距离。p=1代表曼哈顿距离。
- metric_params:　距离度量函数的额外关键字参数，一般不用管，默认为None。
- n_jobs:　int类型参数，并行任务数，默认为1，表示一个线程，设置为-1表示使用所有CPU进行工作。可以指定为其他数量的线程。
- novelty:　逻辑值，是不是新奇点，即是不是新的未见过的样本。

其他函数还有：

- model.fit(data):　模型训练函数，data为数据集，fit表示对模型进行训练。
- model.kneighbors(data):　计算邻近点距离函数，获取k距离的邻域内，每个点到中心点的距离，并升序排列，返回一个元组，包含两个多维数组。第一个n×k数组是每个样本点的最近k个距离对应点的数值；第二个n×k数组是每个样本点的最近k个距离对应的点索引。
- model._decision_function(data)：　计算样本点异常分数函数，返回data数据集的每个样本点的异常分数，是一个负数。
- model._predict(data):　模型预测函数，返回data数据集的每个元素的样本点异常与否，正常是1，异常是-1。

下面以"鸢尾花"数据集为例介绍局部离群因子算法，示例代码如下：

```python
#导入相关包或库
import pandas as pd
import matplotlib.pyplot as plt

#获取数据
iris = pd.read_csv(r"D:\Python 数据分析与机器学习全视频案例\ch09\iris.csv",
header=None)
x=iris.iloc[:,0:2]      #样本数据共 150 个，取前两个特征，即花瓣长度和花瓣宽度

#训练模型
from sklearn.neighbors import LocalOutlierFactor
model = LocalOutlierFactor(n_neighbors=4,contamination=0.1,novelty=True)
#定义一个 LOF 模型，异常比例是 10%
model.fit(x)

#设置图形大小
plt.figure(figsize=(12,7))

#预测模型
y = model._predict(x) #若样本点正常，则返回 1；若不正常，则返回-1

#可视化预测结果
plt.scatter(x.iloc[:,0],x.iloc[:,1],c=y,s=60)   #样本点的颜色由 y 值决定

#给 x 轴和 y 轴加上标签
```

```
plt.xlabel('花瓣长度',size=20)
plt.ylabel('花瓣宽度',size=20)

#设置刻度字体大小
plt.xticks(fontsize=16)
plt.yticks(fontsize=16)

plt.show()

#每个样本点的异常分数
anomaly_score = -model._decision_function(x)
print(anomaly_score)
```

运行上述代码，输出结果如图 9-15 所示，总共有 7 个局部离群点。

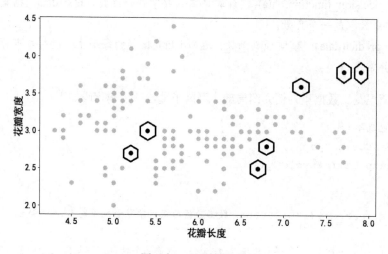

图 9-15　局部离群点

此外，程序输出的每个样本点的异常分数如下：

```
[-0.42146276 -0.39979841 -0.46755161 -0.42981679 -0.24714486 -0.41044074
 -0.36058694 -0.48781506 -0.23258101 -0.56880674 -0.41044074 -0.19924054
 -0.51470964 -0.40870488 -0.29188156 -0.09400514 -0.41044074 -0.42146276
 -0.30228954 -0.42146276 -0.23414556 -0.42146276 -0.20938564 -0.41775582
 -0.19924054 -0.39979841 -0.48781506 -0.33766151 -0.27543295 -0.46755161
 -0.4047977  -0.23414556 -0.23011717 -0.28373212 -0.56880674 -0.38649188
 -0.43639692 -0.07496994 -0.40870488 -0.39113267 -0.42146276 -0.1260924
 -0.36378942 -0.42146276 -0.42146276 -0.51470964 -0.42146276 -0.42981679
 -0.24949325 -0.38943821 -0.43976859 -0.39557441 -0.43976859 -0.30610273
 -0.46096705 -0.44492184 -0.45678274 -0.4976845  -0.41832198  0.0942884
 -0.27128086 -0.39045304 -0.36164471 -0.43416665 -0.43750797 -0.44492184
 -0.40001615 -0.42146276 -0.36164471 -0.46437047 -0.21288634 -0.53192365
 -0.25718072 -0.53192365 -0.48071919 -0.43976859  0.26580153 -0.41702102
```

```
-0.5229387  -0.24367983 -0.46398522 -0.46398522 -0.42146276 -0.30462232
 0.16236392 -0.21089222 -0.44492184 -0.446328   -0.40001615 -0.55439569
-0.43805083 -0.53129772 -0.43034624 -0.4976845  -0.22709175 -0.3745446
-0.40919035 -0.4975787  -0.4976845  -0.44492184 -0.45678274 -0.42146276
-0.05277023 -0.35712293 -0.43976859 -0.43346916 -0.4976845  -0.39997243
 0.72958855  0.99911426 -0.39557441 -0.48071919 -0.3227679  -0.28237546
-0.42146276 -0.39557441 -0.43976859  0.14534397 -0.3456441  -0.36164471
-0.43976859 -0.47768119 -0.40055583 -0.37856954 -0.16909847 -0.20694588
-0.46826345 -0.53129772 -0.46096705 -0.35204856 -0.40345651  0.04870717
-0.46096705 -0.48071919 -0.11940598 -0.38801496 -0.45678274 -0.44862878
-0.35452102 -0.43976859 -0.44492184 -0.43976859 -0.42146276 -0.45542993
-0.16909847 -0.41702102 -0.25718072 -0.43976859 -0.45678274 -0.39045304]
```

9.6　双聚类分析及其案例

双聚类（Biclustering）也称为双向聚类，在 Sklearn 中，其实现模块是 sklearn.cluster.bicluster。本节介绍双聚类模型、联合谱聚类及案例、谱双聚类及案例。

9.6.1　双聚类分析概述

双聚类算法是对数据矩阵的行列同时进行聚类，每一次聚类都会基于原始数据矩阵确定一个子矩阵，并且这些子矩阵具有一些需要的属性。

算法给双向簇分配行列的方式不同会导致不同的双向聚类结构。当行和列分成区块时，会出现块对角或者棋盘结构。

如果每一行和每一列仅属于一个双向簇，重新排列数据矩阵的行和列会使得双向簇出现在对角线上。

在棋盘结构的示例中，每一行属于所有的列簇，每一列属于所有的行簇。

在拟合模型之后，可以在 rows_和 columns_属性中找到行簇和列簇的归属信息，rows_[i]是一个二元向量，其中非零元素表示属于双向簇 i 的行。同理，columns_[i]表示属于双向簇 i 的列。

9.6.2　联合谱聚类及案例

联合谱聚类算法找到的双向簇的值比其他的行和列更高。每一个行和列只属于一个双向簇，所以重新分配行和列，使得分区连续显示对角线上的高值。

算法主要过程如下：

- 按照数学公式对矩阵进行预处理。
- 对处理后的矩阵进行行和列的划分，之后按照另一个数学公式生产一个新的矩阵Z。

- 对矩阵Z的每行使用K均值聚类算法。

Sklearn 中的函数 sklearn.cluster.bicluster.SpectralCoclustering 的主要参数如下：

- n_clusters：聚类中心的数目，默认是3。
- svd_method：计算singularvectors的算法，为randomized（默认）或arpack。
- n_svd_vecs：计算singularvectors值时使用的向量数目。
- n_jobs：计算时采用的线程数量或进程数量。

主要属性如下：

- rows_：二维数组，表示聚类的结果。其中的值都是True或False。如果rows_[i,r]为True，表示聚类i包含行r。
- columns_：二维数组，表示聚类的结果。
- row_labels_：每行的聚类标签列表。
- column_labels_：每列的聚类标签列表。

下面调用 make_biclusters()函数产生双向聚类的数据集。该函数产生的矩阵元素较小，但嵌入的双向类 bicluster 具有较大的值。然后随机重排矩阵的行和列，作为参数传递给算法。再重新排列这个随机重排的矩阵，使得 biclusters 邻接，示例代码如下：

```
#导入相关包或库
import numpy as np
from matplotlib import pyplot as plt

from sklearn.datasets import make_biclusters
from sklearn.datasets import samples_generator as sg
from sklearn.cluster.bicluster import SpectralCoclustering
from sklearn.metrics import consensus_score

data, rows, columns = make_biclusters(shape=(800, 800), n_clusters=4,
noise=5,shuffle=False, random_state=0)

plt.matshow(data, cmap=plt.cm.Blues)
plt.title("原始数据",fontsize=16)

#设置刻度字体大小
plt.xticks(fontsize=16)
plt.yticks(fontsize=16)

data, row_idx, col_idx = sg._shuffle(data, random_state=0)
plt.matshow(data, cmap=plt.cm.Blues)
plt.title("打乱后的数据",fontsize=16)

#设置刻度字体大小
```

```
    plt.xticks(fontsize=16)
    plt.yticks(fontsize=16)

    model = SpectralCoclustering(n_clusters=5, random_state=0)
    model.fit(data)

    score = consensus_score(model.biclusters_,(rows[:, row_idx], columns[:,
col_idx]))
    print("一致性得分：{:.3f}".format(score))

    fit_data = data[np.argsort(model.row_labels_)]
    fit_data = fit_data[:, np.argsort(model.column_labels_)]

    plt.matshow(fit_data, cmap=plt.cm.Blues)
    plt.title("双聚类后",fontsize=16)

#设置刻度字体大小
    plt.xticks(fontsize=16)
    plt.yticks(fontsize=16)

    plt.show()
```

运行上述代码，输出聚类一致性分数，评价聚类效果：

一致性得分：0.600

运行上述代码，输出如图 9-16 所示。

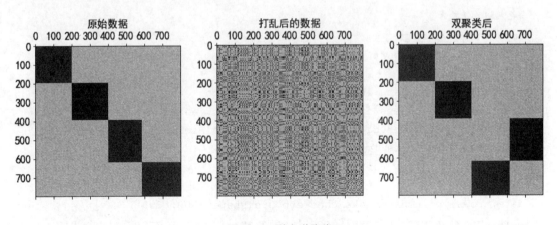

图 9-16　联合谱聚类

9.6.3　谱双聚类及案例

谱双聚类算法假定输入的数据矩阵具有隐藏的棋盘结构，因此可以对其中的行和列进行划分，使得行簇和列簇的笛卡尔积中的任何双聚类的条目近似恒定。例如，如果有两个行分区和三个列分区，则每行将属于三个双聚集，而每列将属于两个双聚集。

该算法对矩阵的行和列进行划分，使相应的逐块常数（Blockwise-Constant）棋盘格矩阵能够很好地逼近原始矩阵。

算法主要过程如下：

- 对矩阵进行归一化。
- 计算前几个奇异向量（Singular Vectors）的值。
- 根据这些奇异向量的值进行排序，使其可以更好地通过分段常数向量进行近似表示。
- 使用一维K均值找到每个向量的近似值，并使用欧几里得距离进行评分。
- 选择最佳左右奇异向量的一些子集。
- 将数据投影到这个奇异向量的最佳子集并聚集。

Sklearn 中的 sklearn.cluster.bicluster.SpectralBiclustering()函数主要参数如下：

- n_clusters: 单个数值或元组，棋盘结构中的行和列聚集的数量。
- method: 把奇异向量值归一化并转换成biclusters的方法，默认值是bistochastic。

主要属性如下：

- rows_: 二维数组，表示聚类的结果。其中的值都是True或False。如果rows_[i,r]为True，表示聚类i包含行r。
- columns_: 二维数组，表示聚类的结果。
- row_labels_: 每行的分区标签列表。
- column_labels_: 每列的分区标签列表。

示例代码如下：

```python
#导入相关包或库
import numpy as np
from matplotlib import pyplot as plt

from sklearn.datasets import make_checkerboard
from sklearn.datasets import samples_generator as sg
from sklearn.cluster.bicluster import SpectralBiclustering
from sklearn.metrics import consensus_score

n_clusters = (5, 4)
data, rows, columns = make_checkerboard(shape=(800, 800),
n_clusters=n_clusters, noise=10,shuffle=False, random_state=0)

plt.matshow(data, cmap=plt.cm.Blues)
plt.title("原始数据",fontsize=16)

#设置刻度字体大小
plt.xticks(fontsize=16)
```

```
    plt.yticks(fontsize=16)

    data, row_idx, col_idx = sg._shuffle(data, random_state=0)
    plt.matshow(data, cmap=plt.cm.Blues)
    plt.title("打乱后的数据",fontsize=16)

    #设置刻度字体大小
    plt.xticks(fontsize=16)
    plt.yticks(fontsize=16)

    model = SpectralBiclustering(n_clusters=n_clusters, method='log',
random_state=0)
    model.fit(data)
    score = consensus_score(model.biclusters_,(rows[:, row_idx], columns[:,
col_idx]))

    print("一致性得分: {:.1f}".format(score))

    fit_data = data[np.argsort(model.row_labels_)]
    fit_data = fit_data[:, np.argsort(model.column_labels_)]

    plt.matshow(fit_data, cmap=plt.cm.Blues)
    plt.title("双聚类后",fontsize=16)

    #设置刻度字体大小
    plt.xticks(fontsize=16)
    plt.yticks(fontsize=16)

    plt.matshow(np.outer(np.sort(model.row_labels_) + 1,np.sort
(model.column_labels_) + 1),cmap=plt.cm.Blues)
    plt.title("按棋盘结构排列",fontsize=16)

    #设置刻度字体大小
    plt.xticks(fontsize=16)
    plt.yticks(fontsize=16)

    plt.show()
```

运行上述代码，输出聚类一致性分数，评价聚类效果：

一致性得分: 1.0

运行上述代码，输出如图 9-17 所示。

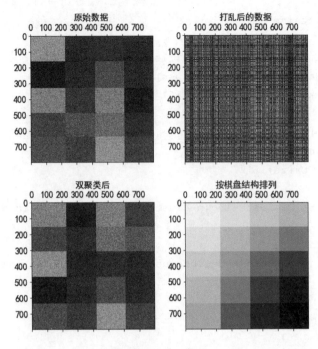

图 9-17 谱双聚类

9.7 小结与课后练习

本章要点

1. 介绍了聚类算法及其案例，使用手肘法和轮廓系数法判断聚类数。
2. 介绍了因子分析及其建模，并使用该算法对地区竞争力进行分析。
3. 介绍了主成分分析及其建模，并使用该算法对乳腺癌患者进行分析。
4. 介绍了关联分析及其建模，并使用该算法对商品购物篮进行分析。
5. 通过实际案例介绍了椭圆模型拟合和局部离群因子等离群点检测方法。
6. 通过实际案例深入介绍了联合谱聚类和谱双聚类等双聚类算法。

课后练习

练习 1：导入银行 bank.csv 数据集，并进行数据清洗。

练习 2：根据客户的年龄、总余额、本次活动联系次数、前期联系次数构建 K 均值聚类模型。

练习 3：统计每个类别的记录数，并用手肘法判断聚类数。

第 10 章

模型评估与调优

当我们选择机器学习模型时，要知道它是如何工作的，更进一步，还要知道如何让机器学习模型工作得更优，以及使用可视化的方法更直观地评判模型优劣。本章我们将详细介绍几种重要的模型评估和调优方法。

10.1 机器学习的挑战

机器学习的主要任务就是选择合适的机器学习算法在数据集上进行训练，目前机器学习在算法和数据两个方面都面临一些挑战。本节介绍机器学习的主要挑战，包括训练样本的大小、数据的不平衡、异常值的处理、模型的过拟合、特征的选择。

10.1.1 训练样本的大小

模型学习的准确度与模型训练样本的大小有关，可以通过不断增加训练数据，直到模型准确度趋于稳定，在这个过程中，能够很好地了解模型对样本大小的敏感度。

训练样本首先不能太少，太少的数据不能说明数据的整体分布情况，而且容易产生过拟合问题，数据当然也不是越多越好，数据多到一定程度效果可能就不明显。

如果训练集有限，就可能无法支撑对实际问题的分析，统计学的基本规律告诉我们，如果条件允许的话，应该利用所有的数据而不是部分数据。

通常，数据越多越好，但是更多的数据意味着获取的难度加大，以及处理的复杂度提升，所以我们还是要根据实际需求情况科学地确定数据量。

10.1.2　数据的不平衡

在机器学习中，数据不平衡问题是经常会遇到的。传统的分类问题假设数据是平衡的，但在诸多应用领域，这种假设往往是不成立的，即数据集中的某一类数据显著多于另一类，因此形成了不平衡数据集，此时传统的分类算法，如决策树、朴素贝叶斯、KNN、SVM 等，基于精度评价标准的算法也就不能很好地进行建模。

样本数量不平衡问题使得在处理不平衡数据集时容易发生错误，尤其在不平衡比例非常高的情况下，会造成很大的分类损失。例如，在癌症疾病诊断中，把患者错误诊断为正常，会使病人错失最佳治疗时机，严重的还会造成生命威胁；又如在欺诈检测中，把欺诈事件误判为正常的代价远大于把正常的误判为异常，甚至造成不可预估的损失。

如果我们的训练数据中正样本很少，负样本很多，那么直接拿来进行分类是不准确的，通常需要通过调整数据集中正负样本的比例来解决数据不平衡问题，方法主要有：

（1）增加正样本数量

正样本本来就少，怎么增加呢？方法是直接复制已有的正样本丢进训练集。这样可以稍微缓解正样本缺失的困境，但是容易带来一个问题，就是过拟合的潜在危险。因为这样粗暴地引入正样本并没有增加数据集的样本多样性。复制正样本有一些技巧，比如选择有特定意义的、有代表性的样本。

（2）减少负样本的数量

这是一个通用的合理的方法，但是负样本的减少必然导致数据多样性的损失。有一种方法可以缓解这个问题，类似于随机森林方法，每次的正样本数量不变，随机选择等量的不同的负样本进行模型训练，反复几次，训练多个模型，最后所有的模型投票决定最终的分类结果。

此外，还可以重新修改模型训练的损失函数，使得错分正样本的损失变大，错分负样本的损失变小，这样训练出来的模型就会对正负样本有一个合理的判断。

10.1.3　异常值的处理

异常值不是缺失值，更不是错误值，同样是真实情况的表现，之所以觉得是一个数据异常，是因为我们能够用到的数据量不够大，无法准确地代表整个此类数据的分布。如果把异常值放在海量数据的大背景下，那么这个异常值也就不会异常了。

从实际情况来看，考虑到实际的计算能力以及效果，大多数公司都会对大数据进行"去噪"，在去噪的过程中去除的不仅仅是噪音，也包括"异常点"，而这些"异常点"恰恰把大数据的覆盖度降低了，于是利用大数据反而比小数据更容易产生趋同的现象。尤其是对于推荐系统等算法来说，这些"异常点"的观察其实才是"个性化"的极致。

某些机器学习算法对异常值很敏感，例如 K 均值聚类、AdaBoost 等，使用此类算法必须处理异常值，但是某些算法具有对异常值不敏感的特性，例如 KNN、随机森林等。

10.1.4　模型的过拟合

机器学习很容易遇到过拟合的问题，这是因为评判训练模型的标准不适用于作为评判该模型好坏的标准，当模型开始"记忆"训练数据，而不是从训练数据中"学习"时，过拟合就出现了。过拟合产生的主要原因是训练数据太少、模型太复杂、训练数据中存在噪声等。

例如，如果模型的参数大于或等于观测值的个数，这种模型会显得过于简单，虽然模型在训练时的效果可以表现得很完美，基本上记住了数据的全部特点，但这种模型在未知数据的表现能力会大打折扣，因为简单的模型泛化能力通常都是很弱的。

过拟合会使得模型的预测性能变弱，并且增加数据的波动性。为了避免过拟合，有必要使用一些额外的技术，如交叉验证、正则化、贝斯信息量准则、赤池信息量准则等。

10.1.5　特征的选择

数据和特征决定了机器学习的上限，而模型和算法只是逼近这个上限而已。由此可见，特征选择在机器学习中占有相当重要的地位。

特征工程指的是把原始数据转变为模型的训练数据的过程，它的目的就是获取更好的训练数据特征，使得机器学习模型逼近这个上限。特征工程能使模型的性能得到提升，有时甚至在简单的模型上也能取得不错的效果。特征工程在机器学习中占有非常重要的作用，一般包括特征构建、特征提取、特征选择三部分。

特征构建比较麻烦，需要一定的经验。特征提取与特征选择都是为了从原始特征中找出最有效的特征。它们之间的区别是特征提取强调通过特征转换的方式得到一组具有明显物理或统计意义的特征；而特征选择是从特征集合中挑选一组具有明显物理或统计意义的特征子集。两者都能帮助减少特征的维度、数据冗余，特征提取有时能发现更有意义的特征属性，特征选择的过程经常能表示出每个特征对于模型构建的重要性。

选取尽可能多的特征，必要时先进行降维，再对特征进行选择，保留最具有代表性的特征，需要同时观察模型准确率的变化。

10.2　模型的评估方法

对于同样的一组样本，可能存在多种模型，比如逻辑回归、决策树、SVM 等，那么如何选择模型呢？这就需要对模型进行评估。本节通过案例介绍一些主要的模型评估方法，包括混淆矩阵、ROC 曲线、AUC、R 平方、残差等。

10.2.1 混淆矩阵及案例

在机器学习中，正样本就是使模型得出正确结论的例子，负样本是使模型得出错误结论的例子。比如要从一张猫和狗的图片中检测出狗，那么狗就是正样本，猫就是负样本；反过来，如果想从中检测出猫，那么猫就是正样本，狗就是负样本。

混淆矩阵是机器学习中统计分类模型预测结果的表，它以矩阵形式将数据集中的记录按照真实的类别与分类模型预测的类别进行汇总，其中矩阵的行表示真实值,矩阵的列表示模型的预测值。

下面我们举一个例子,建立一个二分类的混淆矩阵,假如宠物店有 10 只动物，其中有 6 只狗、4 只猫，现在有一个分类器对这 10 只动物进行分类，分类结果为 5 只狗、5 只猫，那么我们画出分类结果的混淆矩阵，如表 10-1 所示（把狗作为正类）。

表 10-1 混淆矩阵

混淆矩阵		预测值	
		正（狗）	负（猫）
真实值	正（狗）	5	1
	负（猫）	0	4

通过混淆矩阵可以计算出真实狗的数量（行相加）为 6 （5+1），真实猫的数量为 4 （0+4），预测值分类得到狗的数量（列相加）为 5 （5+0），分类得到猫的数量为 5 （1+4）。

下面介绍几个指标。

- TP（True Positive）：被判定为正样本，事实上也是正样本。真的正样本，也叫真阳性。
- FN（False Negative）：被判定为负样本，但事实上是正样本。假的负样本，也叫假阴性。
- FP（False Positive）：被判定为正样本，但事实上是负样本。假的正样本，也叫假阳性。
- TN（True Negative）：被判定为负样本，事实上也是负样本。真的负样本，也叫真阴性。

同时，我们不难发现，对于二分类问题，矩阵中的 4 个元素刚好表示 TP、TN、FP、TN 这 4 个指标，如表 10-2 所示。

表10-2 混淆矩阵

混淆矩阵		预测值	
		正（狗）	负（猫）
真实值	正（狗）	TP	FN
	负（猫）	FP	TN

下面通过乳腺癌数据集详细介绍如何输出混淆矩阵，示例代码如下：

```
#导入相关包或库
from sklearn.svm import SVC
from sklearn.datasets import load_breast_cancer
from sklearn.model_selection import train_test_split
from sklearn.metrics import confusion_matrix
```

```
#加载乳腺癌数据
cancer = load_breast_cancer()

#分为训练数据和测试数据
X_train, X_test, y_train, y_test =
train_test_split(cancer.data,cancer.target,stratify=cancer.target,random_state
=66)

#SVC 的初始化和学习
model = SVC(gamma=0.001,C=1)
model.fit(X_train,y_train)

#使用测试数据计算预测值
y_pred = model.predict(X_test)

m = confusion_matrix(y_test, y_pred)
print('混淆矩阵:\n{}'.format(m))
```

运行上述代码，输出混淆矩阵，如表 10-3 所示。

表 10-3　混淆矩阵

混淆矩阵		预测值	
		有患癌	无患癌
真实值	有患癌	48	5
	无患癌	8	82

10.2.2　模型评估指标及案例

1. 准确率（Accuracy）

准确率为样本中类别预测正确的比例，计算公式如下：

$$accuracy = \frac{TP + TN}{TP + FP + TN + FN}$$

准确率反映模型类别预测的正确能力，包含两种情况，正例被预测为正例，反例被预测为反例，我们可以通过混淆矩阵的计算得出模型的准确率，示例代码如下：

```
accuracy = (m[0, 0] + m[1, 1]) / m.sum()
print('准确率:{:.3f}'.format(accuracy))
```

在 sklearn.metrics 模块中，可以直接调用 accuracy_score()函数输出准确率，示例代码如下：

```
from sklearn.metrics import accuracy_score
print('准确率:{:.3f}'.format(accuracy_score(y_test, y_pred)))
```

上述两段代码的输出均为：准确率：0.909。

2. 精确率（Precision）

精确率为被预测为正例的样本中，真实的正例所占的比例，计算公式如下：

$$precision = \frac{TP}{TP + FP}$$

精确率反映模型在正例的预测能力，该指标的关注点在正例上，如果我们对正例的预测准确性很关注，那么精确率是一个不错的指标。例如在医学病情诊断上，患者在意的是"不要误诊"。

精确率是受样本比例分布影响的，反例数量越多，那么其被预测为正例的数量也会越多，此时精确率就会下降，因此当样本分布不平衡时，要谨慎使用精确率。

我们可以通过混淆矩阵的计算得出模型的精确率，示例代码如下：

```
precision = (m[1,1])/m[:, 1].sum()
print('精确率:{:.3f}'.format(precision))
```

在 sklearn.metrics 模块中，可以直接调用 precision_score()函数输出精确率，示例代码如下：

```
from sklearn.metrics import precision_score, recall_score, f1_score
print('精确率:{:.3f}'.format(precision_score(y_test, y_pred)))
```

上述两段代码的输出均为：精确率：0.943。

3. 召回率（Recall）

召回率又称灵敏度（Sensitivity），是在真实的正例样本中，被预测为正例的样本所占的比例，即真阳性率，计算公式如下：

$$recall = \frac{TP}{TP + FN}$$

召回率反映模型在正例的覆盖率，即"不允许有一条漏网之鱼"，如果我们关注的是对真实正例样本预测为正的全面性，那么召回率是很好的指标。例如在一些灾害检测的场景中，任何一次灾害的漏检都是难以接受的，此时召回率就是很合适的指标。

召回率是不受样本比例不平衡影响的，因为它只关注正例样本上的预测情况。

我们可以通过混淆矩阵的计算得出模型的召回率，示例代码如下：

```
recall = (m[1,1])/m[1, :].sum()
print('召回率:{:.3f}'.format(recall))
```

在 sklearn.metrics 模块中，可以直接调用 recall_score()函数输出召回率，示例代码如下：

```
from sklearn.metrics import precision_score, recall_score, f1_score
print('召回率:{:.3f}'.format(recall_score(y_test, y_pred)))
```

上述两段代码的输出均为：召回率：0.911。

4. F1-Score

F1-Score 为兼顾精准率与召回率的模型评价指标，计算公式如下：

$$F1-score = \frac{2*precision*recall}{precision + recall}$$

对精准率或召回率没有特殊要求时，评价一个模型的优劣就需要同时考虑精准率与召回率，此时可以考虑使用 F1-Score。F1-Score 考虑了精确率、召回率数值大小的影响，只有当二者都比较高时，F1-Score 才会比较大。

我们可以通过混淆矩阵的计算得出模型的 F1-Score，示例代码如下：

```
f1 = 2 * (precision * recall)/(precision + recall)
print('F1值:{:.3f}'.format(f1))
```

在 sklearn.metrics 模块中，可以直接调用 f1_score()函数输出 F1-Score，示例代码如下：

```
from sklearn.metrics import precision_score, recall_score, f1_score
print('F1值:{:.3f}'.format(f1_score(y_test, y_pred)))
```

上述两段代码的输出均为：F1 值 0.927。

10.2.3　ROC 曲线及案例

ROC 曲线全称是"受试者工作特征"，通常用来衡量一个二分类学习器的好坏。如果一个学习器的 ROC 曲线能将另一个学习器的 ROC 曲线完全包括，则说明该学习器的性能优于另一个学习器。ROC 曲线有一个很好的特性：当测试集中的正负样本的分布变化的时候，ROC 曲线能够保持不变。

ROC 曲线的横轴表示的是 FPR，即错误地预测为正例的概率，纵轴表示的是 TPR，即正确地预测为正例的概率，二者的计算公式如下：

$$FPR = \frac{FP}{FP + TN} \quad TPR = \frac{TP}{TP + FN}$$

从 TPR 的计算方式来看，它实际上就是召回率。前面已介绍过，召回率不受样本不平衡的影响，实际上 FPR 也具有该特点。TPR、FPR 的取值范围均为 0~1。

对于一个特定的分类器和测试数据集，显然只能得到一个分类结果，即一组 FPR 和 TPR，而要得到一个曲线，我们实际上需要一系列 FPR 和 TPR 的值，这又是如何得到的呢？

学习器在判定二分类问题时，是预测出一个对于真值的范围在[0.0,1.0]的概率值，而判定是否为真值则看该概率值是否大于或等于设定的阈值（Threshold）。

例如，如果阈值设定为 0.5，则所有概率值大于或等于 0.5 的均为正例，其余为反例。因此，对于不同的阈值，我们可以得到一系列相应的 FPR 和 TPR，从而绘制出 ROC 曲线。

下面以一个简单的案例进行介绍，真实值和预测值列表如下：

y_true = [0, 1, 0, 1],　　　　　真实值

y_score = [0.1, 0.35, 0.4, 0.8],　　预测值

分别取 4 组判定正例用的阈值：[0.1, 0.35, 0.4, 0.8]，可得相应 4 组 FPR 和 TPR。

（1）threshold = 0.1 时，由 y_score 得到的预测值 y_pred = [1, 1, 1, 1]。

TP = 2, FP = 2, TN = 0, FN = 0

横坐标 FPR = FP / (FP + TN) = 1

纵坐标 TPR = TP / (TP + FN) = 1

（2）threshold = 0.35 时，y_pred= [0, 1, 1, 1]。

TP = 2, FP = 1, TN = 1, FN = 0

FPR = FP / (FP + TN) = 0.5

TPR = TP / (TP + FN) = 1

（3）threshold = 0.4 时，y_pred= [0, 0, 1, 1]。

TP = 1, FP = 1, TN = 1, FN = 1

FPR = FP / (FP + TN) = 0.5

TPR = TP / (TP + FN) = 0.5

（4）threshold = 0.8 时，y_pred= [0, 0, 0, 1]。

TP = 1, FP = 0, TN = 2, FN = 1

FPR = FP / (FP + TN) = 0

TPR = TP / (TP + FN) = 0.5

threshold 取值越多，ROC 曲线越平滑。

下面以乳腺癌案例绘制模型的 ROC 曲线，示例代码如下：

```python
#导入相关包或库
from sklearn import svm
import matplotlib.pyplot as plt
from sklearn.metrics import roc_curve

#加载乳腺癌数据
cancer = load_breast_cancer()

#分为训练数据和测试数据
X_train, X_test, y_train, y_test = train_test_split(
    cancer.data, cancer.target, test_size=0.5, random_state=66)

#通过 SVC 获取预测概率
model = svm.SVC(kernel='linear', probability=True, random_state=0)
model.fit(X_train, y_train)
```

```
#获取预测概率
y_pred = model.predict_proba(X_test)[:,1]
#绘制 ROC 曲线
fpr,tpr,thresholds = roc_curve(y_test, y_pred)
#设置图形大小
plt.figure(figsize=(11, 7))
#绘制 ROC 曲线
plt.plot(fpr, tpr, color='red',label='ROC 曲线')
plt.plot([0, 1], [0, 1], color='black', linestyle='--')
plt.xlim([0.0, 1.0])
plt.ylim([0.0, 1.05])
plt.xlabel('假阳性率',size=16)
plt.ylabel('真阳性率',size=16)
plt.legend(loc="best",fontsize=13)
plt.xticks(fontsize=13)
plt.yticks(fontsize=13)
```

运行上述代码，绘制的 ROC 曲线如图 10-1 所示。

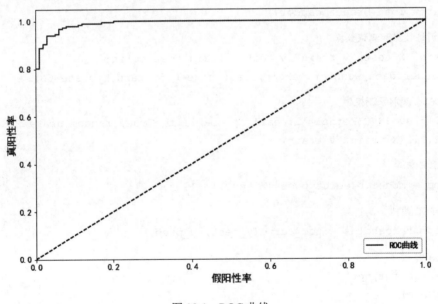

图 10-1　ROC 曲线

10.2.4　AUC 及案例

AUC 是一个数值，它是 ROC 曲线与坐标轴围成的面积。很明显，TPR 越大，FPR 越小，模型效果越好，ROC 曲线就越靠近左上角，表明模型效果越好，此时 AUC 值越大，极端情况下为 1。由于 ROC 曲线一般都处于 y=x 直线的上方，因此 AUC 的取值范围一般在 0.5～1。

使用 AUC 值作为评价标准是因为很多时候 ROC 曲线并不能清晰地说明哪个分类器的效果更好，而作为一个数值，对应 AUC 更大的分类器效果更好。与 F1-Score 不同的是，AUC 值并不需要先设定一个阈值。

当然，AUC 值越大，当前的分类算法越有可能将正样本排在负样本前面，即能够更好地分类，可以从 AUC 判断分类器（预测模型）优劣的标准。

- AUC = 1，是完美分类器，采用这个预测模型时，存在至少一个阈值能得出完美预测。绝大多数预测的场合不存在完美分类器。
- 0.5 < AUC < 1，优于随机猜测。这个分类器（模型）妥善设定阈值的话，就有预测价值。
- AUC = 0.5，跟随机猜测一样，模型没有预测价值。
- AUC < 0.5，比随机猜测还差。

下面给 ROC 曲线添加 AUC 数值，示例代码如下：

```python
#导入相关包或库
from sklearn import svm
import matplotlib.pyplot as plt
from sklearn.metrics import roc_curve, auc

#加载乳腺癌数据
cancer = load_breast_cancer()

#分为训练数据和测试数据
X_train, X_test, y_train, y_test = train_test_split(
    cancer.data, cancer.target, test_size=0.5, random_state=66)

#通过 SVC 获取预测概率
model = svm.SVC(kernel='linear', probability=True, random_state=0)
model.fit(X_train, y_train)

#获取预测概率
y_pred = model.predict_proba(X_test)[:,1]

#绘制 ROC 曲线
fpr,tpr,thresholds = roc_curve(y_test, y_pred)

#计算 AUC
auc = auc(fpr,tpr)
print(auc)

#设置图形大小
plt.figure(figsize=(11, 7))

#绘制 ROC 曲线
plt.plot(fpr, tpr, color='red', label='ROC 曲线 (area = %.3f)' % auc)
plt.plot([0, 1], [0, 1], color='black', linestyle='--')
plt.xlim([0.0, 1.0])
plt.ylim([0.0, 1.05])
```

```
plt.xlabel('假阳性率',size=16)
plt.ylabel('真阳性率',size=16)
plt.legend(loc="best",fontsize=13)
plt.xticks(fontsize=13)
plt.yticks(fontsize=13)
```

运行上述代码，在 ROC 曲线上添加 AUC 的数值，如图 10-2 所示。

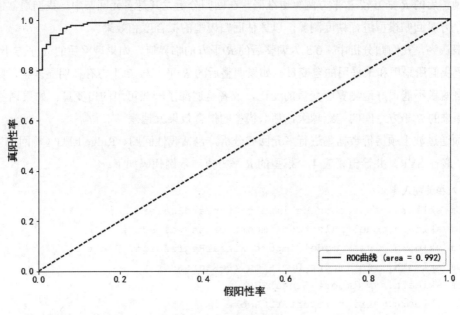

图 10-2　ROC 曲线

10.2.5　R 平方及案例

判定系数 R 平方又叫决定系数，是指在线性回归中，回归可解释离差平方和与总离差平方和的比值，其数值等于相关系数 R 的平方。判定系数是一个解释性系数，在回归分析中，其主要作用是评估回归模型对因变量 y 产生变化的解释程度，即判定系数 R 平方是评估回归模型好坏的指标。

R 平方的取值范围为 0~1，通常以百分数表示。比如回归模型的 R 平方等于 0.7，那么表示此回归模型对预测结果的可解释程度为 70%。

一般认为，R 平方大于 0.75，表示模型拟合度很好，可解释程度较高；R 平方小于 0.5，表示模型拟合有问题，不宜进行回归分析。

在多元回归实际应用中，判定系数 R 平方的最大缺陷是：增加自变量的个数时，判定系数就会增加，即随着自变量的增多，R 平方会越来越大，会显得回归模型精度很高，有较好的拟合效果。而实际上可能并非如此，有些自变量与因变量完全不相关，增加这些自变量并不会提升拟合水平和预测精度。

为了解决这个问题，即避免增加自变量而高估 R 平方，需要对 R 平方进行调整。采用的方法是用样本量 n 和自变量的个数 k 去调整 R 平方，调整后的 R 平方的计算公式如下：

$$1 - \left(1 - R^2\right) \frac{(n-1)}{(n-k-1)}$$

从公式可以看出，调整后的 R 平方同时考虑了样本量（n）和回归中自变量的个数（k）的影响，这使得调整后的 R 平方永远小于原来的 R 平方，并且调整 R 平方的值不会由于回归中自变量个数的增加而越来越接近 1。

因调整后的 R 平方较 R 平方测算更准确，在回归分析尤其是多元回归中，我们通常使用调整后的 R 平方对回归模型进行精度测算，以评估回归模型的拟合度和效果。

一般认为，在回归分析中，0.5 为调整后的 R 平方的临界值，如果调整后的 R 平方小于 0.5，则要分析我们所采用和未采用的自变量。如果调整后的 R 平方与 R 平方存在明显差异，则意味着所用的自变量不能很好地测算因变量的变化，或者是遗漏了一些可用的自变量。如果调整后的 R 平方与原来的 R 平方之间的差距越大，那么模型的拟合效果就越差。

下面通过波士顿房价数据集进行多元回归分析，包括线性回归、Ridge 回归（岭回归）、决策树回归、线性 SVR，并输出相应 4 个模型的 R 平方值，示例代码如下：

```python
#导入相关包或库
from sklearn.preprocessing import StandardScaler
from sklearn.model_selection import cross_val_score
from sklearn.linear_model import LinearRegression, Ridge
from sklearn.tree import DecisionTreeRegressor
from sklearn.svm import LinearSVR
from sklearn.metrics import r2_score
from sklearn.datasets import load_boston

#加载房屋数据集
boston = load_boston()

#在 DataFrame 中存储数据
X = pd.DataFrame(boston.data, columns=boston.feature_names)

#可获得中位数房价（MEDV）数据
y = pd.Series(boston.target, name='MEDV')

#分为训练数据和测试数据
X_train, X_test, y_train, y_test = train_test_split(X, y, test_size=0.5,
random_state=0)

#数据标准化
sc = StandardScaler()
sc.fit(X_train)
X_train = sc.transform(X_train)
X_test = sc.transform(X_test)

#模型设置
models = {
```

```
    'LinearRegression': LinearRegression(),
    'Ridge': Ridge(random_state=0),
    'DecisionTreeRegressor': DecisionTreeRegressor(random_state=0),
    'LinearSVR': LinearSVR(random_state=0)}
#计算评估值
scores = {}
for model_name, model in models.items():
    model.fit(X_train, y_train)
    scores[(model_name, 'R2')] = r2_score(y_test, model.predict(X_test))
#显示结果
pd.Series(scores).unstack()
#显示结果
pd.Series(scores).unstack()
```

运行上述代码，输出结果如下：

```
                         R2
DecisionTreeRegressor    0.675653
LinearRegression         0.666272
LinearSVR                0.646514
Ridge                    0.666520
```

可以看出 4 个模型的 R 平方都不是很好，均小于 0.7。

10.2.6　残差及案例

残差在数理统计中是指实际观察值与估计值（拟合值）之间的差，蕴含有关模型基本假设的重要信息。如果回归模型正确的话，我们可以将残差看作误差的观测值。

通常，回归算法的残差评价指标有均方误差（Mean Squared Error，MSE）、均方根误差（Root Mean Squared Error，RMSE）、平均绝对误差（Mean Absolute Error，MAE）3 个。

（1）均方误差

均方误差表示预测值和观测值之间差异（残差平方）的平均值，公式如下：

$$MSE = \frac{1}{m}\sum_{i=1}^{m}\left(y_i - y_i\right)^2$$

即真实值减去预测值，然后平方，再求和，最后求平均值。这个公式其实就是线性回归的损失函数，在线性回归中，我们的目的就是让这个损失函数的数值最小。

（2）均方根误差

均方根误差表示预测值和观测值之间差异（残差）的样本标准差，公式如下：

$$RMSE = \sqrt{MSE}$$

即均方误差的平方根，均方根误差是有单位的，与样本数据一样。

（3）平均绝对误差

平均绝对误差表示预测值和观测值之间绝对误差的平均值，公式如下：

$$\text{MAE} = \frac{1}{m} \sum_{i=1}^{m} |y_i - y_i|$$

MAE 是一种线性分数，所有个体差异在平均值上的权重都相等，而 RMSE 相比 MAE 会对高的差异惩罚更多。

下面通过波士顿房价数据集进行多元回归分析，包括线性回归、Ridge 回归（岭回归）、决策树回归、线性 SVR，并输出相应 4 个模型的 MSE、RMSE 和 MAE，示例代码如下：

```
#导入相关包或库
from sklearn.preprocessing import StandardScaler
from sklearn.model_selection import cross_val_score
from sklearn.linear_model import LinearRegression, Ridge
from sklearn.tree import DecisionTreeRegressor
from sklearn.svm import LinearSVR
from sklearn.metrics import mean_squared_error, mean_absolute_error,
median_absolute_error, r2_score
from sklearn.datasets import load_boston

#加载房屋数据集
boston = load_boston()

#在 DataFrame 中存储数据
X = pd.DataFrame(boston.data, columns=boston.feature_names)

#可获得中位数房价（MEDV）数据
y = pd.Series(boston.target, name='MEDV')

#分为训练数据和测试数据
X_train, X_test, y_train, y_test = train_test_split(X, y, test_size=0.5,
random_state=0)

#数据标准化
sc = StandardScaler()
sc.fit(X_train)
X_train = sc.transform(X_train)
X_test = sc.transform(X_test)

#模型设置
models = {
    'LinearRegression': LinearRegression(),
    'Ridge': Ridge(random_state=0),
    'DecisionTreeRegressor': DecisionTreeRegressor(random_state=0),
```

```
    'LinearSVR': LinearSVR(random_state=0)}
#计算评估值
scores = {}
for model_name, model in models.items():
    model.fit(X_train, y_train)
    scores[(model_name, 'MSE')] = mean_squared_error(y_test,
model.predict(X_test))
    scores[(model_name, 'RMSE')] = mean_squared_error(y_test,
model.predict(X_test))**0.5
    scores[(model_name, 'MAE')] = mean_absolute_error(y_test,
model.predict(X_test))

#显示结果
pd.Series(scores).unstack()
```

运行上述代码，输出结果如下：

	MAE	MSE	RMSE
DecisionTreeRegressor	3.064822	24.590435	4.958874
LinearRegression	3.627793	25.301662	5.030076
LinearSVR	3.275385	26.799616	5.176835
Ridge	3.618201	25.282890	5.028209

10.3　模型的调优方法

模型的调优主要是寻找最优的超参数，使得模型有更好的准确性和可用性。本节通过案例介绍一些主要的模型调优方法，包括交叉验证、网格搜索、随机搜索。

10.3.1　交叉验证及案例

交叉验证也称为循环估计，是一种统计学上将数据样本切割成较小子集的实用方法，主要应用于数据建模。

交叉验证的基本思想：对原始数据进行分组，一部分作为训练集，另一部分作为验证集。首先用训练集对分类器进行训练，再利用验证集来测试训练得到的模型，以此作为评价分类器的性能指标，用交叉验证的目的是为了得到可靠稳定的模型。

交叉验证的常见方法如下：

1. Holdout验证

Holdout 验证是将原始数据随机分为两组，一组作为训练集，另一组作为验证集。利用训练集训练分类器，然后利用验证集验证模型，记录最后的分类准确率，以此作为分类器的性能指标。

2. K折交叉验证

K 折交叉验证是将初始采样分割成 *K* 个子样本，一个单独的子样本被保留作为验证模型的数据，其他 *K*–1 个样本用来训练。*K* 折交叉验证重复 *K* 次，每个子样本验证一次，平均 *K* 次的结果或者使用其他结合方式，最终得到一个单一估测。这个方法的优势在于，同时重复运用随机产生的子样本进行训练和验证，每次的结果验证一次。

3. 留一验证

留一验证是指只使用原本样本中的一项来作为验证数据，而剩余的则留下作为训练数据。这个步骤一直持续到每个样本都被当作一次验证数据。事实上，这等同于 *K* 折交叉验证，其中 *K* 为原样本个数。

4. 十折交叉验证

十折交叉验证用来测试算法准确性，是常用的测试方法。将数据集分成 10 份，轮流将其中 9 份作为训练数据，1 份作为测试数据。每次试验都会得出相应的正确率。10 次结果的正确率的平均值作为算法精度的估计，一般还需要进行多次十折交叉验证（例如 10 次十折交叉验证），再求其均值来作为算法的最终准确性估计。

下面结合"鸢尾花"数据集详细介绍十折交叉验证，示例代码如下：

```python
#导入相关包或库
import pandas as pd
from sklearn.svm import SVC
from sklearn.model_selection import cross_val_score

iris = pd.read_csv('iris.csv')
X = iris[['Sepal.Length', 'Sepal.Width', 'Petal.Length','Petal.Width']]
y = iris['Species']

#SVM 模型初始化
svm = SVC()

#执行 k 分割交叉验证
scores = cross_val_score(svm, X, y, cv=8)

print('交叉验证得分: {}'.format(scores))
print('交叉验证得分: {:.3f}+-{:.3f}'.format(scores.mean(), scores.std()))
```

运行上述代码，输出结果如下：

```
交叉验证得分: [1. 0.94736842 1. 1. 0.94736842 0.94736842  0.94444444 1.]
交叉验证得分: 0.973+-0.027
```

可以看出交叉验证的得分矩阵、平均分及其标准差。

10.3.2　网格搜索及案例

通常情况下，有部分机器学习算法中的参数是需要手动指定的（如 K-近邻算法中的 K 值），这种叫超参数。但是手动设置过程繁杂，需要对模型预设几种超参数组合，每组超参数都采用交叉验证来进行评估，最后挑选出最优参数组合。网格搜索法就可以自动调整至最佳参数组合。

网格搜索的名字可以拆分为两部分，即网格搜索和交叉验证。网格搜索所搜索的是参数，即在指定的参数范围内，按步长依次调整参数，利用调整的参数训练模型从所有的参数中找到在验证集上精度最高的，这其实是一个训练和比较的过程。

网格搜索可以保证在指定的参数范围内找到精度最高的参数，但是这也是网格搜索的缺陷所在，其要求遍历所有可能参数的组合，在面对大数据集和多参数的情况下，非常耗时。所以网格搜索适用于三四个（或者更少）超参数，用户列出一个较小的超参数值域，这些超参数值域的笛卡儿积为一组超参数。

下面结合"鸢尾花"数据集详细介绍网格搜索，可以自定义设置网格搜索的超参数，每组超参数都采用交叉验证，选出最优参数组合的代码如下：

```
#导入相关包或库
import pandas as pd
from sklearn.svm import SVC
from sklearn.model_selection import train_test_split,cross_val_score

iris = pd.read_csv('iris.csv')
X = iris[['Sepal.Length','Sepal.Width','Petal.Length','Petal.Width']]
y = iris['Species']
X_trainval,X_test,y_trainval,y_test = train_test_split(X,y,random_state=0)
X_train ,X_val,y_train,y_val =
train_test_split(X_trainval,y_trainval,random_state=1)

best_score = 0
for gamma in [0.001,0.01,1,10,100]:
    for c in [0.001,0.01,1,10,100]:
        #对于每种参数可能的组合，进行一次训练
        svm = SVC(gamma=gamma,C=c)
        svm.fit(X_train,y_train)
        score = svm.score(X_val,y_val)
        #找到模型最好的参数
        if score > best_score:
            best_score = score
            best_parameters = {'gamma':gamma,"C":c}

#使用最佳参数构建模型
```

```
svm = SVC(**best_parameters)
svm.fit(X_train,y_train)

#模型评估
test_score = svm.score(X_test,y_test)

print('网格搜索-最佳度量值:{:.2f}'.format(best_score))
print('网格搜索-最佳参数:{}'.format(best_parameters))
print('网格搜索-测试集得分:{:.2f}'.format(test_score))
print('网格搜索-预测类别: ',svm.predict([[3.1, 5.1, 4.1, 0.9]]))
```

运行上述代码，输出结果如下：

```
网格搜索-最佳度量值:0.96
网格搜索-最佳参数:{'gamma': 0.001, 'C': 10}
网格搜索-测试集得分:0.89
网格搜索-预测类别:  [1]
```

当不指定超参数时，网格搜索可以保证在指定的参数范围内找到精度最高的参数，选出最优参数组合，示例代码如下：

```
#导入相关包或库
import pandas as pd
from sklearn.svm import SVC
from sklearn.model_selection import GridSearchCV

#读取数据
iris = pd.read_csv('iris.csv')
X = iris[['Sepal.Length', 'Sepal.Width', 'Petal.Length','Petal.Width']]
y = iris['Species']

#建立模型
parameters = {'kernel': ('linear', 'rbf'), 'C': [1, 10,50,100]}
svc = SVC()
clf = GridSearchCV(svc, parameters,cv=8)
clf.fit(X, y)

print('交叉网格搜索-最佳度量值:',clf.best_score_)
print('交叉网格搜索-最佳参数: ',clf.best_params_)
print('交叉网格搜索-最佳模型: ',clf.best_estimator_)
print('交叉网格搜索-预测类别: ',clf.predict([[3.1, 5.1, 4.1, 0.9]]))
```

运行上述代码，输出结果如下：

```
交叉网格搜索-最佳度量值: 0.9868421052631579
交叉网格搜索-最佳参数:  {'C': 1, 'kernel': 'linear'}
```

```
交叉网格搜索-最佳模型: SVC(C=1, kernel='linear')
交叉网格搜索-预测类别: [1]
```

10.3.3 随机搜索及案例

我们在搜索超参数的时候，如果超参数个数较少，例如三四个或者更少，就可以采用网格搜索，一种穷尽式的搜索方法。但是当超参数个数比较多的时候，如果仍然采用网格搜索，那么搜索所需时间将会呈现指数上升。所以就提出了随机搜索的方法，随机在超参数空间中搜索几十甚至几百个点，其中就有可能有比较小的值。

随机搜索使用的方法与网格搜索很相似，但它不是尝试所有可能的组合，而是通过选择每一个超参数的一个随机值的特定数量的随机组合，这样可以方便地通过设定搜索次数控制超参数搜索的计算量等。对于有连续变量的参数，随机搜索会将其当成一个分布进行采样，这是网格搜索做不到的。

下面结合"鸢尾花"数据集详细介绍随机网格搜索，示例代码如下：

```python
import pandas as pd
from sklearn.svm import SVC
from sklearn.model_selection import RandomizedSearchCV

#读取数据
iris = pd.read_csv('iris.csv')
X = iris[['Sepal.Length', 'Sepal.Width', 'Petal.Length','Petal.Width']]
y = iris['Species']

#建立模型
parameters = {'kernel': ('linear', 'rbf'), 'C': [1, 10,50,100]}
svc = SVC()
clf = RandomizedSearchCV(svc, parameters,cv=8)
clf.fit(X, y)

print('随机网格搜索-最佳度量值:',clf.best_score_)
print('随机网格搜索-最佳参数: ',clf.best_params_)
print('随机网格搜索-最佳模型: ',clf.best_estimator_)
print('随机网格搜索-预测类别: ',clf.predict([[3.1, 5.1, 4.1, 0.9]]))
```

运行上述代码，输出结果如下：

```
随机网格搜索-最佳度量值: 0.9868421052631579
随机网格搜索-最佳参数: {'kernel': 'linear', 'C': 1}
随机网格搜索-最佳模型: SVC(C=1, kernel='linear')
随机网格搜索-预测类别: [1]
```

10.4 小结与课后练习

本章要点

1. 概述了机器学习的挑战，包括样本的大小、数据的不平衡、模型的过拟合等。

2. 详细介绍了模型的评估方法，包括混淆矩阵、ROC 曲线、AUC、R 平方和残差。

3. 通过实际案例介绍了模型的调优方法，包括交叉验证、网格搜索和随机搜索。

课后练习

练习 1：使用乳腺癌数据建立决策树模型，输出模型准确率和 ROC 曲线。

练习 2：对于建立的决策树模型，使用网格搜索的方法提高模型的准确性。

练习 3：进一步使用 K 近邻算法训练模型，检验模型的得分是否有所上升。

第**11**章

Python 中文文本分析

文本分析是指从大量文本数据中抽取出有价值的知识，并且利用这些知识重新组织信息的过程。文本分析将无结构化的原始文本转化为结构化、高度抽象和特征化的计算机可以识别和处理的信息，进而利用机器学习等算法进行分析。本章将介绍一些重要的中文文本分析方法。

11.1　中文结巴分词

Python 中的 jieba 分词作为应用广泛的分词工具，其融合了基于词典的分词方法和基于统计的分词方法的优点，在快速地分词的同时，又解决了歧义、未登录词等问题。因而 jieba 分词是一个很好的分词工具。

11.1.1　文本分词模式

jieba 分词工具支持中文简体、繁体分词，还支持自定义词库，它支持精确模式、全模式和搜索引擎模式三种分词模式，具体如下：

- 精确模式：试图将语句最精确地切分，不存在冗余数据，适合进行文本分析。
- 全模式：将语句中所有可能是词的词语都切分出来，速度很快，但是存在冗余数据。
- 搜索引擎模式：在精确模式的基础上，对长词再次进行切分。

下面使用 jieba 库的三种分词模式对企业商品的"服务评价.csv"数据进行分词，示例代码如下：

```
#导入相关包或库
import jieba,math
import jieba.analyse

#读取数据
str_text=open('D:/Python数据分析与机器学习全视频案例/ch11/服务评
价.csv',encoding= 'utf-8').read()

#全模式
print("\n全模式分词: ")
str_quan=jieba.cut(str_text,cut_all=True)
print(" ".join(str_quan))

#精准模式，默认
print("\n精准模式分词: ")
str_jing=jieba.cut(str_text,cut_all=False)
print(" ".join(str_jing))

#搜索引擎模式
print("\n搜索引擎分词: ")
str_soso=jieba.cut_for_search(str_text)
print(" ".join(str_soso))
```

运行上述代码，三种模型下的分词输出如下，可以看出每种模型的区别。

全模式分词:
 价格 适中 ， 装修 还 可以 ， 早餐 尚可 ， 物有所 物有所值 有所值 。
 在 北京 算是 不错 了 ， 价格 还 可以 ， 还有 水果 送 。
 出差 时 住 的 ， 酒店 地理 地理位置 位置 不错 ， 服务 也 很 好 。
 很 适宜 宜居 居住 ， 环境 幽静 ， 服务 服务台 较 好 ， 我 满意 。
 老酒 酒店 翻新 ， 总体 来说 还 可以 ， 性价比 比比 比较 高 。
 环境 交通 通都 不错 ， 房间 也 可以 ， 下次 还 会 再来 。
 交通 方便 ， 环境 很 好 ， 服务 服务态度 态度 很 好 房间 较 小 。
 位置 较 好 ， 服务 服务员 热情 ， 早餐 不错 ， 电梯 也 快 。
 家具 比较 旧 ， 但 整体 整体感 感觉 还行 ， 服务 也 还 可以 。
 房间 面积 很大 ， 服务 尚可 ， 总的来说 来说 还算 满意 。

精准模式分词:
 价格 适中 ， 装修 还 可以 ， 早餐 尚可 ， 物有所值 。
 在 北京 算是 不错 了 ， 价格 还 可以 ， 还有 水果 送 。
 出差 时 住 的 ， 酒店 地理位置 不错 ， 服务 也 很 好 。
 很 适宜 居住 ， 环境 幽静 ， 服务台 较 好 ， 我 满意 。
 老 酒店 翻新 ， 总体 来说 还 可以 ， 性价比 比较 高 。
 环境 交通 都 不错 ， 房间 也 可以 ， 下次 还会 再 来 。

交通 方便 ， 环境 很好 ， 服务态度 很 好 房间 较 小 。
位置 较 好 ， 服务员 热情 ， 早餐 不错 ， 电梯 也 快 。
家具 比较 旧 ， 但 整体 感觉 还 行 ， 服务 也 还 可以 。
房间 面积 很大 ， 服务 尚可 ， 总的来说 还 算 满意 。

搜索引擎分词：
价格 适中 ， 装修 还 可以 ， 早餐 尚可 ， 有所 物有所 物有所值 。
在 北京 算是 不错 了 ， 价格 还 可以 ， 还有 水果 送 。
出差 时住 的 ， 酒店 地理 位置 地理位置 不错 ， 服务 也 很 好 。
很 适宜 居住 ， 环境 幽静 ， 服务 服务台 较 好 ， 我 满意 。
老 酒店 翻新 ， 总体 来说 还 可以 ， 性价比 比较 高 。
环境 交通 都 不错 ， 房间 也 可以 ， 下次 还会 再来 。
交通 方便 ， 环境 很好 ， 服务 态度 服务态度 很 好 房间 较 小 。
位置 较 好 ， 服务 服务员 热情 ， 早餐 不错 ， 电梯 也 快 。
家具 比较 旧 ， 但 整体 感觉 还 行 ， 服务 也 还 可以 。
房间 面积 很大 ， 服务 尚可 ， 来说 总的来说 还 算 满意 。

11.1.2　自定义停用词

停用词是指在信息检索中，为了节省存储空间和提高搜索效率，在处理自然语言数据之前或之后，筛选掉某些字或词，在 jieba 库中可以自定义停用词，示例代码如下：

```
#导入相关包或库
import jieba,math

#读取数据
str_text=open('D:/Python 数据分析与机器学习全视频案例/ch11/服务评价.csv',
encoding= 'utf-8').read()

#创建停用词列表
def stopwordslist():
    stopwords = [line.strip() for line in open('停用词.txt', encoding=
'UTF-8').readlines()]
    return stopwords

#对句子进行中文分词
def seg_depart(sentence):
    print("筛选自定义停用词后: ")
    #精准模式，默认
    sentence_depart = jieba.cut(sentence.strip(),cut_all=False)
    # 创建一个停用词列表
    stopwords = stopwordslist()
    # 输出结果为 outstr
    outstr = ''
```

```
#去停用词
for word in sentence_depart:
    if word not in stopwords:
        if word != '\t':
            outstr += word
            outstr += " "
return outstr
print(seg_depart(str_text))
```

运行上述代码，筛选停用词后的输出结果如下：

筛选自定义停用词后：
价格 适中 装修 可以 早餐 尚可 物有所值
北京 算是 不错 价格 可以 还有 水果
出差 时住 酒店 地理位置 不错 服务
适宜 居住 环境 幽静 服务台 满意
酒店 翻新 总体 来说 可以 性价比 比较
环境 交通 不错 房间 可以 下次 还会
交通 方便 环境 服务态度 房间
位置 服务员 热情 早餐 不错 电梯
家具 比较 整体 感觉 服务 可以
房间 面积 很大 服务 尚可 总的来说 满意

可以看出相对于没有筛选之前，词语意思的表达更加清晰。

11.2　中文关键词提取

处理中文文本最关键的是要把用户最关心的问题提取出来，而无论是对于长文本还是短文本，往往可以通过几个关键词窥探整个文本的主题思想。关键词提取的准确程度直接关系到分析系统和推荐系统的最终效果和准确性。

11.2.1　TF-IDF 算法

TF-IDF 是一种统计方法，用以评估一个字词对于一个文件集或一个语料库中的其中一份文件的重要程度，其中 TF 是词频，IDF 是逆文本频率指数。字词的重要性随着它在文件中出现的次数成正比增加，但同时会随着它在语料库中出现的频率成反比下降。主要应用有：搜索引擎、关键词提取、文本相似性、文本摘要等。

在 jieba 中，基于 TF-IDF 算法的关键词抽取函数为 jieba.analyse.extract_tags(sentence, topK=20, withWeight=False, allowPOS=())。其中，sentence 为待提取的文本；topK 为返回几个 TF/IDF 权重最

大的关键词，默认值为 20；withWeight 为是否一并返回关键词权重值，默认值为 False；allowPOS 仅包括指定词性的词，默认值为空，即不筛选。

下面使用 jieba 对"服务评价.csv"中的文本数据进行关键词的提取，示例代码如下：

```python
#导入相关包或库
import nltk
from jieba import analyse

#读取数据
str_text=open('D:/Python 数据分析与机器学习全视频案例/ch11/服务评价.csv',encoding= 'utf-8').read()

#基于 TF-IDF 算法进行关键词抽取
keywords=analyse.extract_tags(str_text, topK=20, withWeight=False, allowPOS=())
print("基于 TF-IDF 算法:")
print(" ".join(keywords))
```

运行上述代码，输出结果如下：

基于 TF-IDF 算法：
　　不错 房间 尚可 可以 早餐 服务 环境 酒店 满意 时住 交通 服务态度 服务台 物有所值 翻新 比较 幽静 性价比 价格 总的来说

可以看出基于 TF-IDF 算法提取的 20 个关键词。

11.2.2　TextRank 算法

TextRank 算法是一种用于文本的基于图模型的排序算法。其基本思想来源于谷歌的 PageRank 算法，通过把文本分割成若干组成单元（单词、句子）并建立图模型，利用投票机制对文本中的重要成分进行排序，仅利用单篇文档本身的信息即可实现关键词提取和文摘等。

在 jieba 中，基于 TextRank 算法的关键词抽取函数为 jieba.analyse.textrank(sentence, topK=20, withWeight=False, allowPOS=('ns', 'n', 'vn', 'v'))，参数与 TF-IDF 算法类似。

下面使用 jieba 对"服务评价.csv"中的文本数据进行关键词提取，示例代码如下：

```python
#导入相关包或库
from jieba import analyse

#引入 TextRank 关键词提取接口
textrank = analyse.textrank

#读取数据
str_text=open('D:/Python 数据分析与机器学习全视频案例/ch11/服务评价.csv',encoding= 'utf-8').read()

#基于 TextRank 算法进行关键词提取
keywords = textrank(str_text)
```

```
print("基于 TextRank 算法:")
print(" ".join(keywords))
```

运行上述代码，输出结果如下：

基于 TextRank 算法：

环境 酒店 服务 价格 早餐 房间 服务员 装修 交通 水果 算是 还有 感觉 热情 适中 翻新 总体 服务态度 地理位置 面积

可以看出基于 TextRank 算法的关键词与基于 TF-IDF 算法的关键词存在一定的差异。

11.3 中文词向量生成

在自然语言处理相关任务中，要将自然语言交给机器学习中的算法来处理，通常需要首先将自然语言数学化，因为机器不是人，机器只认数学符号。词向量是人把中文文本抽象出来交给机器处理的东西，基本上可以说词向量是人对机器输入的主要方式。

11.3.1 训练词向量模型

2013 年，Mikolov 提出了词向量（Word2vec）的概念，Word2Vec 模型利用词语的上下文建立词语的分布式向量，可以学习到大量精确的句法和语义关系，它是用一个一层的神经网络把 one-hot（独热）编码形式的稀疏词向量映射为一个 n 维（n 一般为几百）的稠密向量的过程。

词向量是用来将语言中的词进行数学化的一种方式，顾名思义，词向量就是把一个词表示成一个向量。由于是用向量表示，而且用较好的训练算法得到的词向量一般是有空间上的意义的，也就是说，将所有这些向量放在一起形成一个词向量空间，而每一个向量则为该空间中的一个点。

下面通过收集整理的某电商网站用户评论数据进行词向量建模，包括"正面评价.csv"和"负面评价.csv"两个文件，如图 11-1 所示。

图 11-1 用户评论数据

使用 Word2vec 对用户评论数据进行词向量建模的示例代码如下：

```python
#导入相关包或库
import jieba
import numpy as np
import pandas as pd
from gensim.models import word2vec
from sklearn.model_selection import train_test_split

#读取数据
pos = pd.read_table('D:/Python 数据分析与机器学习全视频案例/ch11/data/正面评
价.csv', header=None,index_col=None)
neg = pd.read_table('D:/Python 数据分析与机器学习全视频案例/ch11/data/负面评
价.csv', header=None,index_col=None)

#文本分词
pos['c_w'] = [jieba.lcut(sent) for sent in pos[0]]
neg['c_w'] = [jieba.lcut(sent) for sent in neg[0]]

#合并 neg 和 pos
pos_and_neg = np.append(pos['c_w'],neg['c_w'],axis=0)

#构造对应的标签数组
table = np.append((np.ones(len(pos))),(np.zeros(len(neg))),axis=0)

#切分训练集和测试集
x_train,x_test,y_train,y_test = train_test_split(pos_and_neg,table,
test_size=0.2)

#训练模型
def model(data,model_path):
    model = word2vec.Word2Vec(data,sg=0,hs=1,min_count=1,window=5,size=300)
    model.save(model_path)
    return model

#保存模型
train_model = model(x_train,'D:/Python 数据分析与机器学习全视频案例/ch11/data/
train_model.model')
test_model = model(x_test,'D:/Python 数据分析与机器学习全视频案例/ch11/data/
test_model.model')
```

运行上述代码，程序将会创建 train_model.model 和 test_model.model 两个模型文件。

11.3.2　计算文本词向量

Word2vec 是用来产生词向量的一种高效的算法模型，其利用深度学习的思想，通过训练把对文本内容的处理简化为 K 维向量空间中的向量运算。训练完成之后，Word2vec 模型把每个词映射到向量，表示词与词之间的关系。

把词看作特征，那么 Word2vec 就可以将特征映射到 K 维向量空间，为文本数据寻求更加深层次的特征表示。通过训练后的词向量模型可以计算每句话的词向量，示例代码如下：

```python
#导入相关包或库
import jieba
import numpy as np
import pandas as pd
from gensim.models import word2vec
from sklearn.model_selection import train_test_split


#读取数据
pos = pd.read_table('D:/Python 数据分析与机器学习全视频案例/ch11/data/正面评
价.csv', header=None,index_col=None)
neg = pd.read_table('D:/Python 数据分析与机器学习全视频案例/ch11/data/负面评
价.csv', header=None,index_col=None)


#文本分词
pos['c_w'] = [jieba.lcut(sent) for sent in pos[0]]
neg['c_w'] = [jieba.lcut(sent) for sent in neg[0]]


#合并 neg 和 pos
pos_and_neg = np.append(pos['c_w'],neg['c_w'],axis=0)


#构造对应的标签数组
table = np.append((np.ones(len(pos))),(np.zeros(len(neg))),axis=0)


#切分训练集和测试集
x_train,x_test,y_train,y_test = train_test_split(pos_and_neg,table,
test_size=0.2)


#导入模型
train_model = word2vec.Word2Vec.load('D:/Python 数据分析与机器学习全视频案例
/ch11/data/train_model.model')
test_model = word2vec.Word2Vec.load('D:/Python 数据分析与机器学习全视频案例
/ch11/data/test_model.model')


#计算词向量
```

```
def get_sent_vec(size,sent,model):
    vec = np.zeros(size).reshape(1,size)
    count = 0
    for word in sent:
        try:
            vec += model[word].reshape(1,size)
            count += 1
        except:
            continue
    if count != 0:
        vec /= count
    return vec

def get_train_vec(x_train,x_test,train_model,test_model):
    train_vec = np.concatenate([get_sent_vec(300,sent,train_model) for sent in
x_train])
    test_vec = np.concatenate([get_sent_vec(300,sent,test_model) for sent in
x_test])

    #保存数据
    np.save('D:/Python 数据分析与机器学习全视频案例/ch11/data/train_vec.npy',
train_vec)
    np.save('D:/Python 数据分析与机器学习全视频案例/ch11/data/test_vec.npy',
test_vec)
    return train_vec,test_vec

#计算每句话的词向量
train_vec,test_vec = get_train_vec(x_train,x_test,train_model,test_model)
print(x_train.shape,train_vec.shape)
```

运行上述代码，输出结果如下：

```
(8056,) (8056, 300)
```

可以看出训练集和训练集矩阵的维数。

11.4　中文情感分析

　　情感分析又称为意见挖掘、倾向性分析等，是对带有情感色彩的主观性文本进行分析、处理、归纳和推理的过程。利用机器提取人们对某人或事物的态度，从而发现潜在的问题用于改进或预测。这里我们所说的情感分析主要针对客户态度。

11.4.1 文本情感建模

目前，随着互联网的发展，尤其是移动互联网用户的快速增长，产生了大量用户参与的，对于诸如人物、事件、产品等的评论信息。通过用户的评论，潜在的用户就可以通过浏览这些主观色彩的评论来了解大众舆论对于某一事件或产品的看法。

情感分析的过程如下：

- 收集数据集。采集大量用户评论，通过训练样本数据建立情感倾向模型。
- 设计文本的表示模型。用向量表示文本，向量的特征是模型的最小单元。
- 选择文本的特征。可以使用 TF-IDF 算法来抽取特征，并计算出特征值。
- 选择分类模型：如贝叶斯、支持向量机、人工神经网络等机器学习算法。

文本情感分析过程中可能遇到的问题：

- 在新闻场景下，很难获得训练集，人工标注难度大。
- 在口语化场景下，情感词典复杂，实体识别很困难。
- 在反语场景下，不能准确地分析语句的真实情感。
- 处理否定词，不能准确地处理含有否定词的语句。
- 流行语识别，对于新出现的词语或语句很难识别。
- 文本过短，文字省略严重，导致歧义和指代错误。

下面使用支持向量机对文本进行情感建模，首先读取文本和进行分词，然后切分训练集和测试集，再导入词向量模型，最后使用 SVM 训练模型，示例代码如下：

```
#导入相关包或库
import jieba
import pickle
import numpy as np
import pandas as pd
from sklearn.svm import SVC
from gensim.models import word2vec
from sklearn.model_selection import train_test_split

#读取数据
pos = pd.read_table('D:/Python 数据分析与机器学习全视频案例/ch11/data/正面评
价.csv', header=None,index_col=None)
    neg = pd.read_table('D:/Python 数据分析与机器学习全视频案例/ch11/data/负面评
价.csv', header=None,index_col=None)

#文本分词
pos['c_w'] = [jieba.lcut(sent) for sent in pos[0]]
neg['c_w'] = [jieba.lcut(sent) for sent in neg[0]]
```

```
#合并 neg 和 pos
pos_and_neg = np.append(pos['c_w'],neg['c_w'],axis=0)

#构造对应的标签数组
table = np.append((np.ones(len(pos))),(np.zeros(len(neg))),axis=0)

#切分训练集和测试集
x_train,x_test,y_train,y_test = train_test_split(pos_and_neg,table,
test_size=0.2)

#导入词向量模型
train_vec = np.load('D:/Python 数据分析与机器学习全视频案例/ch11/data/
train_vec.npy')
test_vec = np.load('D:/Python 数据分析与机器学习全视频案例/ch11/data/
test_vec.npy')

#训练 SVM 模型
def svm_tran(train_vec,y_train,test_vec,y_test):
    clf = SVC(kernel='rbf',verbose=True)
    clf.fit(train_vec,y_train)
    #保存模型
    fw = open("D:/Python 数据分析与机器学习全视频案例/ch11/data/svm_model.pkl",
"wb")
    svm_model = pickle.dump(clf,fw)
    print(clf.score(test_vec,y_test))

svm_tran(train_vec,y_train,test_vec,y_test)
```

运行上述代码，输出结果如下，同时还生成 svm_model.pkl 模型文件。

```
[LibSVM]0.5655412115193644
```

11.4.2　文本情感预测

评论是用户在使用商家生产的某种产品之后，对产品性能的好坏做出的主观性评价。这些评论作为一种具有潜在商业价值的主观性数据，清晰地表达了用户对产品性能的情感倾向，普通用户可以根据评论的情感倾向了解产品的口碑，从而进行合理选择，生产者则根据评论倾向快速掌握市场动向，从而做出正确的市场决策。

面对互联网产生的海量评论，如何快速地从中自动分析产品评论的情感倾向已成为自然语言处理关注的热点。传统的支持向量机是直接利用训练样本训练分类模型，然后对测试集进行情感预测。

下面根据前面建立的文本情感模型，并使用支持向量机对新的客户评论进行情感预测，示例代码如下：

```python
#导入相关包或库
import jieba
import pickle
import numpy as np
import pandas as pd
from sklearn.svm import SVC
from gensim.models import word2vec
from sklearn.model_selection import train_test_split

#读取数据
pos = pd.read_table('D:/Python 数据分析与机器学习全视频案例/ch11/data/正面评
价.csv',header=None,index_col=None)
neg = pd.read_table('D:/Python 数据分析与机器学习全视频案例/ch11/data/负面评
价.csv',header=None,index_col=None)

#文本分词
pos['c_w'] = [jieba.lcut(sent) for sent in pos[0]]
neg['c_w'] = [jieba.lcut(sent) for sent in neg[0]]

#合并正面和负面
pos_and_neg = np.append(pos['c_w'],neg['c_w'],axis=0)

#构造对应的标签数组
table = np.append((np.ones(len(pos))),(np.zeros(len(neg))),axis=0)

#切分训练集和测试集
x_train,x_test,y_train,y_test =
train_test_split(pos_and_neg,table,test_size=0.2)

#导入词向量模型
train_vec = np.load('D:/Python 数据分析与机器学习全视频案例/ch11/data/
train_vec.npy')
test_vec = np.load('D:/Python 数据分析与机器学习全视频案例/ch11/data/
test_vec.npy')

#对句子进行情感判断
def svm_predict(sent):
    model = word2vec.Word2Vec.load('D:/Python 数据分析与机器学习全视频案例/ch11/
data/train_model.model')
    sent_cut = jieba.lcut(sent)
    sent_cut_vec = get_sent_vec(300,sent_cut,model)
    fp = open("D:/Python 数据分析与机器学习全视频案例/ch11/data/svm_model.pkl",
"rb+")
```

```
clf = pickle.load(fp)
result = clf.predict(sent_cut_vec)

if int(result[0] == 1):
    print(sent,': 正面评价')
else:
    print(sent,': 负面评价')
```

```
#情感预测
sent = '态度不好，价格偏高'
svm_predict(sent)
```

运行上述代码，程序将对客户"态度不好，价格偏高"的评论进行情感预测，结果为负面，这与实际基本相符。

态度不好，价格偏高 ： 负面评价

11.5　小结与课后练习

本章要点

1. 详细介绍了基于 Python 结巴（jieba）分词库的中文文本分词技术。
2. 介绍了基于 TF-IDF 算法和 TextRank 算法的中文关键词提取技术。
3. 重点介绍了如何生成文本词向量，以及如何进行中文情感分析。

课后练习

练习 1：对描述贵州山水的"贵州山水.csv"文件内的中文文本进行分词。

练习 2：使用 TF-IDF 算法对描述贵州山水的文本进行关键词提取。

练习 3：使用 TextRank 算法对描述贵州山水的文本进行关键词提取。

附录 **A**

Python 3.10.0 及第三方库安装

本书中使用的 Python 版本是截至 2020 年 12 月份的新版本（Python 3.10.0a2）。下面介绍其具体的安装步骤，安装环境是 Windows 10 家庭版 64 位操作系统。

> 需要把 Python 安装到计算机磁盘的根目录下，而且必须用英文路径名和文件夹名，即安装路径中不能有中文。

步骤 01 首先需要下载 Python 3.10.0，官方网站的下载地址如图 A-1 所示。

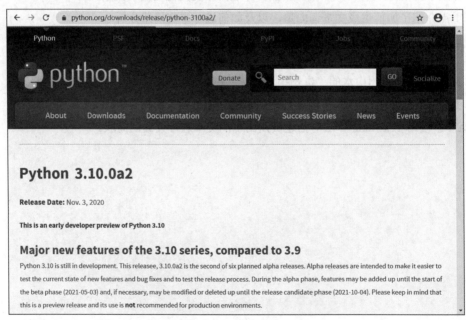

图 A-1　下载 Python 软件

步骤 02 右击 python-3.10.0a2-amd64.exe，选择【以管理员身份运行】，如图 A-2 所示。

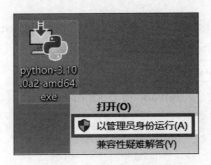

图 A-2　运行安装程序

步骤 **03** 勾选 Add Python 3.10 to PATH 复选框，然后单击 Customize installation，如图 A-3 所示。

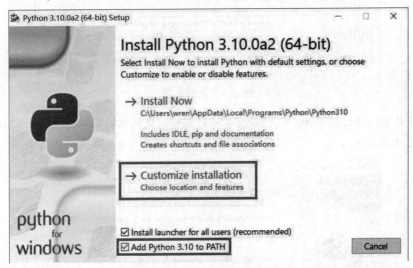

图 A-3　自定义安装

步骤 **04** 根据需要选择自定义的选项，其中 pip 必须勾选，然后单击 Next 按钮，如图 A-4 所示。

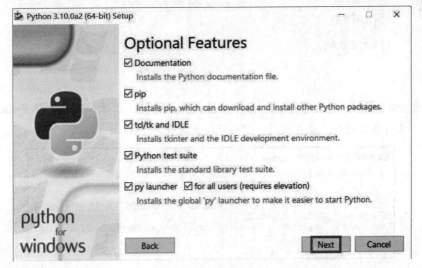

图 A-4　功能选项

步骤 05 选择软件要安装的目标位置，默认安装在 C 盘，单击 Browse 按钮可更改软件的安装目录，然后单击 Install 按钮，如图 A-5 所示。

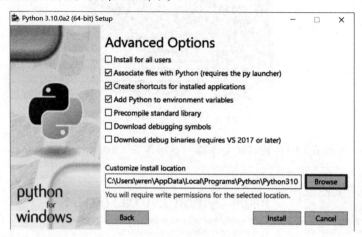

图 A-5　高级选项

步骤 06 稍等片刻，若出现 Setup was successful 对话框，就说明安装成功，单击 Close 按钮即可，如图 A-6 所示。

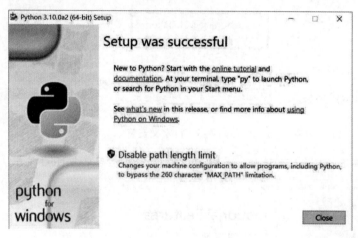

图 A-6　安装结束

步骤 07 在命令提示符中输入 "python" 后，如果出现如图 A-7 所示的信息，即 Python 的版本信息，进一步说明安装没有问题，之后可以正常使用 Python 了。

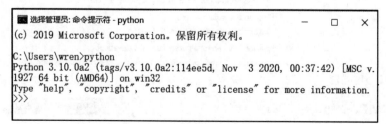

图 A-7　查看版本信息

步骤 08 在 Python 中可以使用 pip 与 conda 工具安装本书中的第三方库（NumPy、Pandas、Matplotlib、Scikit-Learn 等）。

步骤 09 此外，如果在安装数据可视化时无法正常安装，可以下载新版本的离线文件，再次安装，适用于 Python 扩展程序包的非官方 Windows 二进制文件，下载地址如图 A-8 所示。

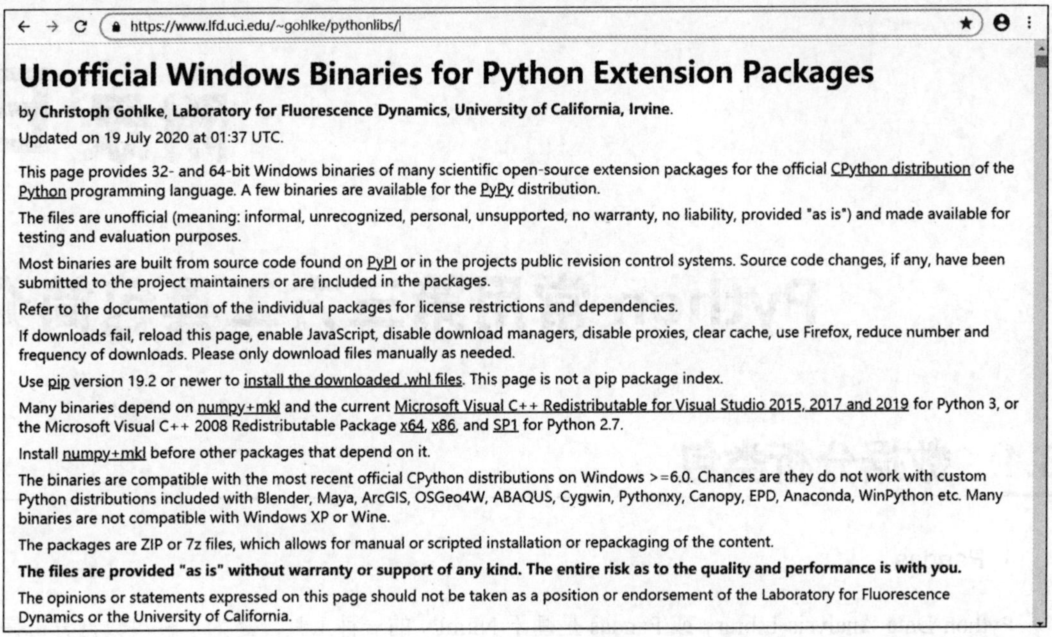

← → C 🔒 https://www.lfd.uci.edu/~gohlke/pythonlibs/

Unofficial Windows Binaries for Python Extension Packages

by **Christoph Gohlke, Laboratory for Fluorescence Dynamics, University of California, Irvine**.

Updated on 19 July 2020 at 01:37 UTC.

This page provides 32- and 64-bit Windows binaries of many scientific open-source extension packages for the official CPython distribution of the Python programming language. A few binaries are available for the PyPy distribution.

The files are unofficial (meaning: informal, unrecognized, personal, unsupported, no warranty, no liability, provided "as is") and made available for testing and evaluation purposes.

Most binaries are built from source code found on PyPI or in the projects public revision control systems. Source code changes, if any, have been submitted to the project maintainers or are included in the packages.

Refer to the documentation of the individual packages for license restrictions and dependencies.

If downloads fail, reload this page, enable JavaScript, disable download managers, disable proxies, clear cache, use Firefox, reduce number and frequency of downloads. Please only download files manually as needed.

Use pip version 19.2 or newer to install the downloaded .whl files. This page is not a pip package index.

Many binaries depend on numpy+mkl and the current Microsoft Visual C++ Redistributable for Visual Studio 2015, 2017 and 2019 for Python 3, or the Microsoft Visual C++ 2008 Redistributable Package x64, x86, and SP1 for Python 2.7.

Install numpy+mkl before other packages that depend on it.

The binaries are compatible with the most recent official CPython distributions on Windows >=6.0. Chances are they do not work with custom Python distributions included with Blender, Maya, ArcGIS, OSGeo4W, ABAQUS, Cygwin, Pythonxy, Canopy, EPD, Anaconda, WinPython etc. Many binaries are not compatible with Windows XP or Wine.

The packages are ZIP or 7z files, which allows for manual or scripted installation or repackaging of the content.

The files are provided "as is" without warranty or support of any kind. The entire risk as to the quality and performance is with you.

The opinions or statements expressed on this page should not be taken as a position or endorsement of the Laboratory for Fluorescence Dynamics or the University of California.

图 A-8 非官方扩展程序包

附录 **B**

Python 常用第三方工具包简介

B.1 数据分析类包

1. Pandas

Python Data Analysis Library 或 Pandas 是基于 NumPy 的一种工具，是为了解决数据分析任务而创建的。Pandas 纳入了大量库和一些标准的数据模型，提供了大量能使我们快速、便捷地处理数据的函数和方法。

Pandas 最初由 AQR Capital Management 于 2008 年 4 月开发，并于 2009 年底开源，目前由专注于 Python 数据包开发的 PyData 开发团队继续开发和维护，属于 PyData 项目的一部分。Pandas 最初被作为金融数据分析工具而开发出来，因此 Pandas 为时间序列分析提供了很好的支持，Pandas 的名称就来自于面板数据（Panel Data）和 Python 数据分析（Data Analysis）的英语缩写。

数据结构：

- Series: 一维数组，与NumPy中的一维array类似。二者与Python基本的数据结构List（列表）也很相近，其区别是：List中的元素可以是不同的数据类型，而Array和Series中则只允许存储相同的数据类型，这样可以更有效地使用内存，提高运算效率。
- Time-Series: 以时间为索引的Series。
- DataFrame: 二维的表格型数据结构。很多功能与R中的data.frame类似，可以将其理解为Series的容器。
- Panel: 三维的数组，可以理解为DataFrame的容器。

Pandas 有两种自己独有的基本数据结构。应该注意的是，它固然有着两种数据结构，因为它依然是Python的一个库，所以Python中的部分数据类型在这里依然适用，同样可以自己定义数据类型。只不过，Pandas 里面又定义了两种数据类型：Series 和 DataFrame，它们使数据操作更加简单。

2. NumPy

NumPy 是高性能科学计算和数据分析的基础包。它是 Python 的一种开源的数值计算扩展，提供了许多高级的数值编程工具，如矩阵数据类型、矢量处理以及精密的运算库，是专为进行严格的数值处理而创建的。

3. Scipy

Scipy 是一款方便、易于使用、专为科学和工程设计的 Python 工具包，可以处理插值、积分、优化、图像处理、常微分方程数值解的求解、信号处理等问题，用于有效计算 NumPy 矩阵，使 NumPy 和 Scipy 协同工作，高效解决问题。

4. Statismodels

Statismodels 是一个 Python 模块，它提供对许多不同统计模型估计的类和函数，并且可以进行统计测试和统计数据的探索。Statismodels 提供一些互补 Scipy 统计计算的功能，包括描述性统计和统计模型估计和推断。

B.2　数据可视化类包

1. Matplotlib

Matplotlib 是一个 Python 的 2D 绘图库，它以各种硬拷贝格式和跨平台的交互式环境生成出版质量级别的图形。

Matplotlib 可能是 Python 2D 绘图领域使用最广泛的库，它能让使用者很轻松地将数据图形化，并且提供多样化的输出格式。

2. Pyecharts

Pyecharts 是一款将 Python 与 Echarts 结合的强大的数据可视化工具。

3. Seaborn

Seaborn 是基于 Matplotlib 的 Python 数据可视化库，提供了更高层次的 API 封装，使用起来更加方便快捷。该模块是一个统计数据可视化库。

Seaborn 简洁而强大，和 Pandas、NumPy 组合使用效果更佳，值得注意的是，Seaborn 并不是 Matplotlib 的代替品，很多时候仍然需要使用 Matplotlib。

B.3 机器学习类包

1. Sklearn

Sklearn（Scikit-Learn）是 Python 重要的机器学习库，其中封装了大量的机器学习算法，如分类、回归、降维以及聚类，还包含监督式学习、无监督式学习、数据变换三大模块。Sklearn 拥有完善的文档，使得它具有上手容易的优势，并且内置了大量的数据集，节省了获取和整理数据集的时间。因此，Sklearn 成为了广泛应用的重要的机器学习库。

Sklearn 是基于 Python 的机器学习模块，基于 BSD 开源许可证。Sklearn 的基本功能主要被分为 6 部分，即分类、回归、聚类、数据降维、模型选择、数据预处理。Sklearn 中的机器学习模型非常丰富，包括 SVM、决策树、GBDT、KNN 等，可以根据问题的类型选择合适的模型。

2. Keras

高级神经网络开发库，可运行在 TensorFlow 或 Theano 上，基于 Python 的深度学习库。Keras 是一个高层神经网络 API，由纯 Python 编写而成，并基于 TensorFlow、Theano 以及 CNTK 后端。Keras 为支持快速实验而生，能够把开发者的想法迅速转换为结果，如果我们有如下需求，请选择 Keras：简易和快速的原型设计（Keras 具有高度模块化、极简特性和可扩充特性），支持 CNN 和 RNN，或二者的结合，实现 CPU 和 GPU 之间的无缝切换。

TensorFlow 和 Theano 以及 Keras 都是深度学习框架，TensorFlow 和 Theano 比较灵活，也比较难学，它们其实是一个微分器，Keras 其实就是 TensorFlow 和 Theanno 的接口（Keras 作为前端，TensorFlow 或 Theano 作为后端），它很灵活，且比较容易学。可以把 Keras 看作 TensorFlow 封装后的一个 API。Keras 是一个用于快速构建深度学习原型的高级库。我们在实践中发现，它是数据科学家应用深度学习的好帮手。Keras 目前支持两种后端框架：TensorFlow 与 Theano，而且 Keras 已经成为 TensorFlow 的默认 API。

3. Theano

Theano 是一个 Python 深度学习库，专门应用于数学表达式的定义、优化和求值，它的效率高，适用于多维数组，特别适合进行机器学习。一般来说，使用时需要安装 Python 和 NumPy。

4. XGBoost

该模块是大规模并行 Boosted Tree 的工具，它是目前最快、最好用的开源 Boosted Tree 工具包。XGBoost（eXtreme Gradient Boosting）是 Gradient Boosting 算法的一个优化版本，针对传统 GBDT 算法做了很多细节改进，包括损失函数、正则化、切分点查找算法优化等。

相对于传统的 GBM，XGBoost 增加了正则化步骤。正则化的作用是减少过拟合现象。XGBoost 可以使用随机抽取特征，这个方法借鉴了随机森林的建模特点，可以防止过拟合。XGBoost 速度上有很好的优化，主要体现在以下方面：

- 实现了分裂点寻找近似算法，先通过直方图算法获得候选分割点的分布情况，然后根据候选分割点将连续的特征信息映射到不同的buckets中，并统计汇总信息。
- XGBoost考虑了训练数据为稀疏值的情况，可以为缺失值或者指定的值指定分支的默认方向，这能大大提升算法的效率。
- 正常情况下，Gradient Boosting算法都是顺序执行的，所以速度较慢，XGBoost特征列排序后以块的形式存储在内存中，在迭代中可以重复使用，因而XGBoost在处理每个特征列时可以做到并行。

总的来说，XGBoost 相对于 GBDT 在模型训练速度以及降低过拟合上有不少的提升。

5. TensorFlow

是谷歌基于 DistBelief 进行研发的第二代人工智能学习系统。

6. TensorLayer

TensorLayer 是为研究人员和工程师设计的一款基于 Google TensorFlow 开发的深度学习与强化学习库。

7. TensorForce

该模块是一个构建于 TensorFlow 之上的新型强化学习 API。

8. jieba

jieba 库是一款优秀的 Python 第三方中文分词库，jieba 支持三种分词模式：精确模式、全模式和搜索引擎模式。下面是三种模式的特点。

- 精确模式：试图将语句最精确地切分，不存在冗余数据，适合进行文本分析。
- 全模式：将语句中所有可能是词的词语都切分出来，速度很快，但是存在冗余数据。
- 搜索引擎模式：在精确模式的基础上，对长词再次进行切分。

9. wordcloud

wordcloud 库可以说是 Python 非常优秀的词云展示第三方库。词云以词语为基本单位，可以更加直观和艺术地展示文本。

10. pyspark

大规模内存分布式计算框架。